航天资源规划与调度

时间依赖型敏捷卫星调度模型及方法

Time-Dependent Agile Earth Observation Satellite Scheduling Models and Methods

彭观胜 邢立宁 著

清華大学出版社
北 京

内 容 简 介

本书关注于解决敏捷卫星调度特有的两种时间依赖特性：时间依赖转换时间和时间依赖收益。前一种是指卫星在执行两个连续观测任务时，其姿态角转换所需时间依赖于这两个任务的具体观测角度。而后一种是指卫星拍摄某目标的成像质量取决于卫星对该目标的观测角度。由于对某一目标的某个可见时间窗口，卫星的观测角度与观测开始时间一一对应，因此转换时间和收益是具有时间依赖特性的。本书对这两种时间依赖特性的敏捷卫星调度问题进行了建模分析、算法设计和实验分析，所研究的问题可推广至性质相似的组合优化问题上。

本书适合航天工程实践、运筹学、管理科学与工程等相关领域的科研人员、工程技术人员阅读，也可作为高等院校相关专业高年级本科生、研究生及高校教师的参考用书。

图书在版编目（CIP）数据

时间依赖型敏捷卫星调度模型及方法 / 彭观胜，邢立宁著.—北京：清华大学出版社，2022.9

（航天资源规划与调度）

ISBN 978-7-302-61648-1

Ⅰ. ①时… Ⅱ. ①彭… ②邢… Ⅲ. ①人造地球卫星-研究 Ⅳ. ①V474

中国版本图书馆 CIP 数据核字(2022)第 145475 号

责任编辑：陈凯仁
封面设计：刘艳芝
责任校对：赵丽敏
责任印制：曹婉颖

出版发行：清华大学出版社
    网 址：http://www.tup.com.cn，http://www.wqbook.com
    地 址：北京清华大学学研大厦 A 座   邮 编：100084
    社 总 机：010-83470000   邮 购：010-62786544
    投稿与读者服务：010-62776969，c-service@tup.tsinghua.edu.cn
    质量反馈：010-62772015，zhiliang@tup.tsinghua.edu.cn
印 装 者：三河市东方印刷有限公司
经 销：全国新华书店
开 本：170mm×240mm   印 张：9.25   字 数：169 千字
版 次：2022 年 10 月第 1 版   印 次：2022 年 10 月第 1 次印刷
定 价：49.00 元

产品编号：093903-01

《航天资源规划与调度》编辑委员会

（2021年7月）

丛 书 序 言

F O R E W O R D

2021 年 9 月 15 日，习近平总书记在驻陕西部队某基地视察调研时强调，太空资产是国家战略资产，要管好用好，更要保护好。人造地球卫星作为重要的太空资产，已经成为获取天基信息的主要平台，天基信息是大国博弈制胜的利器之一，也是各科技强国竞相角力的主战场之一。随着"高分辨率对地观测系统""第三代北斗卫星导航系统"等国家重大专项工程建设及民营、商业航天产业的蓬勃发展，我国卫星呈"爆炸式"增长，为社会、经济、国防等重要领域提供了及时、精准的天基信息保障。

另外，受卫星测控站地理位置限制，我国卫星普遍存在的入境时间短、测控资源紧缺等问题日益突出；突发自然灾害、军事斗争准备等情况下的卫星应急响应已成为新常态；随着微电子、小卫星等技术的快速发展，卫星集成度越来越高、功能越来越多，卫星已具备一定的自主感知、自主规划、自主协同、自主决策能力，传统地面离线任务规划模式已无法适应大规模多功能星座发展和协同、高时效运用的新形势。这些问题都对卫星管控提出了新的更高要求。在此现状下，为应对飞速增长的卫星规模、有限的管控资源和应急响应的新要求，以现代运筹学和计算科学为基础的航天资源调度技术起到至关重要的作用，是保障卫星完成多样化任务、高效运行的关键。

近年来，在诸多学者与航天从业人员的推动下，航天资源调度技术取得了丰富的研究成果，在我国"北斗""高分""高景"等系列卫星为代表的航天资源调度系统中得到长期的实践与发展。目前，国内已出版了多部航天领域相关专著，但面向近年来发展起来的敏捷卫星调度、大规模多星协同、空天地资源协同调度、自主卫星在线调度等新问题，仍然缺乏详细和系统的研究和介绍。本套丛书涵盖航天资源调度引擎、基于精确算法的航天资源调度、基于启发式算法的航天资源调度、空天地资源协同调度、航天影像产品定价、面向应急救援的航天资源调度、航天资源调度典型应用等众多内容，力求丰富航天资源调度领域前沿研究成果。

本套丛书已有数册基本成形，也有数册正在撰写之中。相信在不久以后会有不少新著作出现，使航天资源调度领域呈现一片欣欣向荣、繁花似锦的局面，这正是丛书编委会的殷切希望。

丛书编委会

2021 年 7 月

对地观测卫星是获取地球表面遥感图像的一类重要平台，它具有覆盖范围广、信息精度高、不受空域国界限制等优势，在军事侦察、国土资源勘探、环境保护、灾害救助等方面发挥着非常重要的作用。对地观测卫星在我国得到了快速的发展，目前我国已经发射资源系列、环境系列、高分系列等卫星，为经济建设和国防建设提供有力支撑。

敏捷对地观测卫星（以下简称"敏捷卫星"）是具有更强姿态机动能力的新一代对地观测卫星，具有侧摆、俯仰、偏航三个轴向上的姿态机动能力。相比传统的非敏捷卫星，敏捷卫星可前视、后视、正视，即在经过观测目标正上空之前或之后都可拍摄图像，因此，观测目标的可见时间窗口更长，观测任务之间的约束冲突更容易通过姿态调整解决。然而，敏捷性提高了卫星的观测能力，也给卫星调度带来了巨大的挑战。如何合理地进行敏捷卫星调度并制定观测计划，充分发挥这种强大的观测能力，提高对地观测系统的使用效能，成为亟待解决的关键问题。

敏捷卫星任务调度是指在满足卫星运行约束的基础上，对待观测目标制定调度计划，将卫星载荷资源按时间分配给不同观测任务，从而最大化观测目标数量或总收益。相比一般的对地观测卫星调度，敏捷卫星调度具有两种显著的时间依赖特性：时间依赖转换时间和时间依赖收益。前者是指卫星在连续观测两个任务时，其所需的姿态转换时间长短取决于这两个任务的具体观测开始时间；后者是指卫星在可见时间窗口内不同时刻观测目标，其收益是不同的。常规的敏捷卫星调度一般只考虑前一种特性，即假设只要可行约束满足，在窗口内任意时刻任意观测角度拍摄图像得到的收益是一样的。然而在现实应用中，采用过大观测角度拍摄的图像，其图像质量往往不能让人满意。因此，在最佳观测目标调度方案中考虑观测角度的优化，是实现精细化调度的重要一步，同时也会极大地增大解空间和求解难度。

本书主要研究了两种敏捷卫星调度问题：考虑时间依赖转换时间的敏捷卫星

调度问题和考虑时间依赖收益的调度问题。前一种问题是常规性质的敏捷卫星调度问题，已经有了一定的研究基础，而后一种问题是在前一种问题的基础上，额外考虑了时间依赖收益特性，属于全新的问题模型。本书最大的特点是对这两种问题模型分别提出了启发式算法和精确算法，启发式算法能高效求解大规模优化问题，有利于工程化实现，但求解质量没有理论保证，而精确算法可以在中等规模的算例上提供最优解来验证启发式算法的求解效果，且具有较高的理论深度，但难以应用于大规模算例上。两种算法发挥各自优势，弥补不足，相辅相成，互相验证。在文献调查中发现，国内对卫星调度问题的建模研究较少，对其与经典组合优化问题的模型相似性和联系缺少深刻的认识。局限于卫星调度这一背景，而忽略优化模型在其他应用领域所具有的普适性，就容易导致求解方法与问题模型的无关性，研究成果难以获得学术界的普遍认可和推广。此外，敏捷卫星理论研究可比较性差，这既有卫星具体能力的不同、数据不公开等原因，也因为缺乏对问题特性的梳理，缺少由浅至深、由基本模型到变种模型的统一的研究框架。

本书将敏捷卫星调度问题与一类经典组合优化——定向问题联系到一起，探讨其相似性与联系，在进行少量模型转换与调整的基础上，借用已有的、成熟的经典问题的算法求解，得到超越以往算法的求解效果。而在此基础上衍生的变种优化模型，针对其问题特性在基础算法上做出适量调整，就能得到效果优异的求解方法。全书共包含 6 章，第 1 章为绪论，讨论了敏捷卫星调度问题的研究背景、研究意义，以及两种时间依赖型敏捷卫星调度问题的国内外研究现状；第 2 章介绍了两种时间依赖型敏捷卫星调度的问题描述和数学模型，验证了时间依赖转换时间的两种规则，从而简化转换时间和快速预处理；第 3 章介绍了求解两种敏捷卫星调度问题的启发式算法，其基本框架是迭代局部搜索，算法特点在于能应对时间窗口约束、可用于解可行性快速检查的插入算子，针对时间依赖收益特性提出双向动态规划用于任务序列的收益评估，从而指引启发式搜索；第 4 章提出了求解两种敏捷卫星调度问题的精确算法，算法框架为分支定价算法，引入割平面、原始启发式、拉格朗日松弛等方法提高求解效率，针对时间依赖收益特性设计了累积权重函数和相应的加速策略；第 5 章展示了上述两种模型四种算法的数值实验结果，既包括与敏捷卫星调度现有算法的对比，也有与经典定向问题最新算法的对比，以及与商业求解器的对比。第 6 章为结论与展望。

本书由邢立宁制定提纲，由彭观胜撰写主要内容。衷心感谢比利时荷语鲁汶大学 Pieter Vansteewegen 教授、Reginald Dewil 教授，法国 EDHEC 商学院 Cédric Verbeeck 教授，新加坡管理大学 Aldy Gunawan 教授，国防科技大学刘晓路、王建江、宋国鹏对本书所作研究的直接参与和指导。感谢课题组陈英武教授、贺仁杰教授及其他教师的指导和帮助,感谢参与研究的课题组全体博士和硕士研究生。
感谢清华大学出版社的大力支持。

　　由于作者水平有限,本书许多内容还有待完善和深入研究。不足之处,诚请
批评指正。

作　者

2021 年 12 月

目 录
C O N T E N T S

第1章

绪　论

1.1　研究背景与意义

光学对地观测卫星是通过其搭载的光学遥感器获取地球表面的光学图像,以响应不同用户需求的一类卫星平台[1-2]。光学遥感器包含可见光、红外光、高光谱遥感器等,根据不同的应用需求,使用不同类型的载荷获取高分辨率、高质量的卫星图像。这其中,光学对地观测卫星的应用最为广泛,且本书主要研究的对象也是光学对地观测卫星,为了简化叙述,文中如无特殊说明,对地观测卫星均指代光学对地观测卫星。

对地观测卫星（earth observation satellite,EOS）由于具有覆盖范围广、观测时间长、不受空域国界约束等特点,在天气预报、灾害监测、自然资源勘探和军事侦察等领域发挥着举足轻重的作用[3]。尤其在军事领域,利用空间资源获取敌方情报,帮助制定有效的作战计划,远程精确打击敌方战略目标,已经成为一种全新的现代化作战样式。随着现代社会对空间信息的需求日益增多,如何利用有限的卫星资源完成更多的观测任务,提高卫星任务规划的效能,将是一个亟待解决的关键问题[4]。综合来说,卫星任务规划,是指在满足航天资源能力限制以及不同任务观测需求的情况下,通过构建任务规划模型和设计相应算法,实现卫星、地面站等空间和地面资源的合理分配,制定对信息获取、处理、传输的调度方案,最终生成卫星对地观测计划、测控计划和数据传输计划等。其中,对卫星的成像任务调度问题是卫星任务规划中至关重要的一环,也是本书着重研究的对象。成像任务调度的求解质量和效率,直接影响了任务规划系统的整体效能。对地观测卫星的成像任务调度问题,是给定一组不同收益值的观测目标,从中选出部分目标进行调度，生成成像调度方案，从而最大化观测收益，同时满足一系列调度约束。

根据姿态机动能力和工作机理的不同，对地观测卫星可分为两种：传统对地观测卫星和敏捷对地观测卫星（agile earth observation satellite，AEOS，简称"敏捷卫星"）。传统对地观测卫星仅具备侧摆能力，即卫星只有经过观测目标（分布于卫星运行轨迹两侧）上空时，才能执行观测任务，其机动能力和观测能力十分受限，因此亦被称为非敏卫星。而作为新一代的对地观测卫星，敏捷卫星具有三个自由度的机动能力，即侧摆、俯仰和偏航三个轴向，这使得卫星能在经过目标正上方之前或之后进行观测。因此，卫星一次过境某观测目标，则对应一个可见时间窗口（visible time window，VTW），卫星在可见时间窗口中的任一时刻均可执行观测任务。这里的观测任务，是指卫星对观测目标执行的一次观测活动。卫星机动能力和工作机理的不同，决定了对不同类型的对地观测卫星的任务调度算法及其求解难度不同。

图 1.1（a）和（b）分别展示了非敏卫星和敏捷卫星观测目标时的工作机理。对于每个观测目标，由于只具备侧摆能力，非敏卫星只有在经过观测目标正上方时才可观测，因此观测目标的可见时间窗口与观测窗口相同，调度算法只需从所有候选观测目标集合里选出合适的调度目标子集，并且满足连续观测任务间的转换时间约束。所谓转换时间约束，是指任意两个连续观测任务之间，时间间隔必须不小于从前一个任务到后一个任务完成姿态转换所需要的时间。由于非敏卫星观测任意一个任务的姿态角（即观测时间）是固定的，任意两个任务之间的观测时间也可预计算出来，任意两个任务之间可达性和时序关系已知，因此解空间相对较小，求解并不复杂。而对敏捷卫星来说，观测目标的可见时间窗口要比观测窗口长得多，因此对其调度需要确定每个观测任务的具体观测开始时间，任务之间的可达性和时序关系未知，任务的执行顺序会影响调度的收益。此外，由于转换时间长短取决于姿态变换的角度变化量，该变化量由两个连续观测任务的观测角度决定，而观测角度取决于观测任务的观测开始时间，因此，转换时间具有"时间依赖"特性，任意两个观测任务之间的转换时间无法提前预知，任务的观测开始时间会影响解的可行性。本书将这类考虑时间依赖转换时间约束的调度问题称为"时间依赖转换时间型调度问题"。毫无疑问，相较于非敏卫星调度问题，敏捷卫星具有更强的观测能力，在一定时间段内能执行更多的观测任务，因此它是未来遥感卫星大力发展的方向[5-7]。然而，其调度问题的解空间更大，求解难度也更大，调度算法的设计更为复杂。

时间依赖收益型敏捷卫星调度问题是本书的另一重要研究内容。常规意义下的敏捷卫星问题都将观测目标的收益设定为固定值，只要对该目标进行了拍摄，就获取该固定收益。然而，在现实场景中，光学卫星图像的质量会受到拍摄角度、拍摄距离等因素的影响，卫星在过境目标的不同时刻拍摄图像会产生不同的实际地面成像分辨率或图形畸变，较低的成像质量不利于后续的图像分析处理、目标识别等应用功能。因此，更合理的建模方法是在可见时间窗内不同时刻观测的收益不同，这种问题特性被称为"时间依赖收益"。显然，相比常规的敏捷卫星调度问题，时间依赖收益型调度问题更为复杂，这是因为需要额外考虑每个调度任务的观测开始时间对实际收益值的影响。此外，时间依赖收益特性还有一个重要的应用场景：考虑云层不确定性的敏捷卫星调度。对可见光遥感器来说，气象条件尤其是云层覆盖对光学卫星图像的成像质量影响较大。据统计，我国每年受云层遮挡影响造成的无效成像比例高达 60%[8-9]。在给定各位置各时刻云层覆盖率的情况下，卫星在不同时刻观测同一目标的期望收益不同，也可以看作是时间依赖收益特性。考虑该特性的敏捷卫星调度模型是不确定性规划问题中最经典的期望值模型，也是其他不确定性规划模型（如随机规划模型和鲁棒优化模型）的基础。由此可知，对时间依赖收益特性的研究，具有非常重要的理论价值和应用价值。

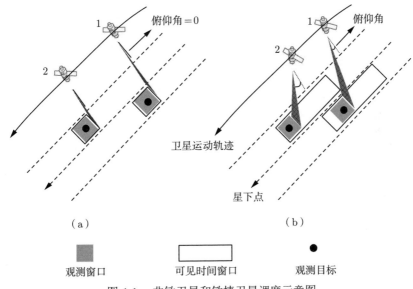

图 1.1 非敏卫星和敏捷卫星调度示意图

（a）非敏卫星；（b）敏捷卫星

针对这两种类型的调度问题，本书分别设计了启发式算法和精确算法。设计启发式算法的目的在于，启发式算法具有快速求解、易实现、通用性强等优点，适合于工程应用。在遇到新的复杂约束时，启发式算法更容易做出适应性调整，但缺点在于其求解质量无法得到理论保证，很难评价算法的实际求解效果。而精确算法能弥补该不足之处，并提高研究的理论价值和深度。一个设计良好的精确算法，能在可接受时间内精确求解中等或较大规模的算例，也为决策者提供了更多的算法选择。

1.2　研究现状

1.2.1　敏捷卫星调度问题

本书主要研究了两类敏捷卫星调度问题：时间依赖转换时间型调度问题和时间依赖收益型调度问题。前者是常规意义下的敏捷卫星调度基本问题模型，已经有不少文献对其开展研究。后者是在前者的基础上，额外考虑时间依赖收益问题特点衍生的新问题，是前者的一个变种，目前尚未得到广泛的关注。

1. 时间依赖转换时间型敏捷卫星调度问题

随着空间技术的发展，越来越多的光学敏捷卫星发射升空，对敏捷卫星的规划需求也越来越多，国内外对敏捷卫星调度问题的研究也呈现快速增长的趋势。从算法类型来看，目前尚未有人提出过求解敏捷卫星调度问题的精确算法。Wang等[10]提出了考虑数传的敏捷卫星调度的混合整数规划模型，模型将可见时间窗角度离散化为三个角度，极大地简化了问题的复杂度，随后通过商业优化求解器CPLEX获得近似问题的上界。Chen等[11]提出了一种移除大数 M 的多敏捷卫星调度问题的混合整数规划模型，但其简化了转换时间，采用一个上界的固定值取代实际转换时间，并使用 CPLEX 求解了该模型的线性松弛上界。Chu 等[12]提出了能精确求解敏捷卫星单圈调度问题的隐枚举法，该算法采用了一种前瞻式构造算法来构造初始解，提供一个较好的下界，在深度优先搜索的框架下构造任务序列，并在每一步搜索过程中通过三种剪枝策略（基于对称性破坏的剪枝、基于部分支配的剪枝和基于定界的剪枝）来判断是否应当剪枝当前搜索的任务序列。然而，该算法仅适用于求解单圈调度问题，无法求解多圈调度问题。敏捷卫星调度的精确算法设计的难点在于，一方面时间依赖转换时间的问题特性难以处理，另一方面，任意两个观测任务的可达性和时序关系未知，描述任务之间可达性网络存在环，在该类网络上开展的优化问题（如最长路问题、最小费用最大流问题）往往缺少高效算法。正是存在这样的难点，敏捷卫星调度的精确算法尚未得到深入的研究。

目前大多数敏捷卫星调度问题的研究采用的是启发式算法或元启发式算法[13-14]。根据不同长度的调度周期，敏捷卫星调度问题可以划分为两类优化问题：最大观测轨道排序问题（maximum shot orbit sequencing problem，MSOP）即单圈调度问题和最大化观测排序问题（maximum shot sequencing problem，MSP）即多圈调度问题[15]。Gabrel 等[16] 研究了一种半敏捷卫星的调度问题，该类卫星具有较弱的俯仰和侧摆能力，并基于图论的概念表示，提出了若干种启发式规则。Lemaître 等[15] 研究了法国航天局发射的 Pleiades 敏捷卫星，首次全面地描述了敏捷卫星调度问题，分析其问题复杂性，并针对单圈调度问题建立了数学模型，提出了四种启发式求解方法：贪婪算法、动态规划（dynamic programming，DP）算法、约束规划算法和局部搜索算法。Cordeau 和 Laporte[17] 提出了一种禁忌搜索启发式算法，该算法源于带时间窗约束的车辆路径调度研究，该算法将调度问题中的可见时间窗约束松弛后，允许搜索过程中可行解和不可行解同时存在，从而获得更好的搜索多样性。Habet 等[18] 研究了考虑固定转换时间的多目标敏捷卫星调度问题，主要优化目标是最大化一个收益凸函数，次要目标是最小化总转换时间。Pralet 和 Verfaillie[19] 的研究考虑了转换时间的时间依赖特性，并定义了一种时间依赖简单时序网络模型来描述问题。然而不幸的是，上述研究都属于单圈调度问题。在实际应用场景中，卫星的日常调度都是在多圈周期（一天或一周）内开展的。因此，本书研究的是多圈调度问题，该问题具有实际应用价值。此外，上述研究大多将转换时间看作是固定常数，忽略了时间依赖特性，对复杂约束进行了简化，因此损失了一部分优化精度。

多圈调度问题方面，Tangpattanakul 等[20] 研究了多目标敏捷卫星调度问题，主要目标是最大化总收益，次要目标是减少不同用户之间需求满足的差异。Bianchessi 和 Righini[21] 研究了多颗敏捷卫星调度问题，同时考虑了观测调度和数传调度，并提出了一种具备前瞻和回溯能力的构造启发式算法。然而，与大多数 MSOP 的研究一样，上述研究也没有考虑转换时间的时间依赖特性。在最近的一份研究中，Liu 等[22] 考虑了转换时间的时间依赖特性，并提出了一种自适应大邻域搜索（adaptive large neighbourhood search，ALNS）算法，用于求解单星调度问题。He 等[23] 将其推广至多星调度问题中，并提出了一种自适应任务分配的自适应大邻域搜索算法。上述 ALNS 算法包含了六种移除算子和三种插入算子，在迭代循环求解的过程中通过衡量不同算子对优化的影响来动态调整算子的权重。此外，该算法提出了一种基于"局部时间松弛量"的快速插入算子。该算子预先计算了当前解序列中每个任务相对于其相邻任务的时间松弛量。在插入序列某个位置时，算法允许相邻任务前移或延后开始时间，使新任务更容易完成插入，通过比较时间松弛量和插入所带来的转换时间变化量，能快速评估插入的可行性。然而，该算法忽略了一个重要的事实：序列中除了插入位置相邻任务之外的其他任务也可以实现开始时间的前移或延后，从而为插入位置腾出更多的"空间"，使序列能容纳更多的任务。针对该潜在的算法提升思想，本书在第 3 章介绍了一种基于"全局时间松弛量"的启发式算法，并将算法结果与 ALNS 算法进行了比较。值得一提的是，无论是局部时间松弛量还是全局时间松弛量，应用的前提是转换时间必须满足先进先出（first-in-first-out，FIFO）的规则，也被称为"先转换先到达"规则。文献 [19] 和文献 [12] 陈述了转换时间满足 FIFO 规则，然而并未给出具体的证明过程，也不能保证任意算例参数都能满足该规则。在第 2 章中，本书针对给定的转换时间计算方法和算例参数，对该规则进行了证明。

从问题模型的角度讲，敏捷卫星任务调度可以与一些经典调度问题联系起来。国内有学者[24] 提出，敏捷卫星调度可以抽象成一种带时间窗和序列依赖准备时间的订单接受与调度（order acceptance and scheduling，OAS）问题，简称订单受理问题。敏捷卫星的调度问题和订单受理问题同样是给定不同收益值的任务（订单），选出一部分来执行，从而最大化收益并满足一定的约束条件。这里，任意两个连续任务之间的转换时间对应于订单受理问题中订单之间的准备时间。同样，笔者提出，敏捷卫星调度问题也可以描述成一类特殊的路径优化问题，即带时间窗的时间依赖定向问题（time-dependent orienteering problem with time windows，TDOPTW）[25]。定向问题（orienteering problem，OP）也被称作选择性旅行商问题（selective travelling salesperson problem，STSP）或最大收集问题（maximum collection problem，MCP）。顾名思义，就是给定一组不同分数的地点，访问一个地点可以收集对应的分数，任意两个地点有通行距离，该问题是制定一个合适的出行路线，使收集的分数最大化，并满足总通行时间的约束。将该问题与敏捷卫星调度问题类比，任意两个观测任务之间的转换时间可以直观地理解为定向问题中的通行时间，观测任务的观测开始时间对应于某地点的访问时间。若考虑时间窗约束，最大化问题已经被界定，可以忽略掉总通行时间约束，此时的定向问题称为带时间窗约束的定向问题（orienteering problem with time windows，OPTW），其多车辆的版本被称为带时间窗约束的团队定向问题（team orienteering problem with time windows，TOPTW）[25]。若忽略时间依赖转换时间特性，敏捷卫星调度问题可以看作 TOPTW 的一个泛化问题。不同之处在于，TOPTW 中每个车辆对地图中每个地点的时间窗是相同的，对每个车辆求解单车辆最优路径本质上无差别；而在敏捷卫星调度问题中，同一个观测目标在不同圈次上的可见时间窗是不同的，甚至于在某些圈次上是不可见的，因此不同圈次上观测目标之间的可达性是不同的。若每个目标在不同圈次上的时间窗一致且可达性相同，该问题等同于 TOPTW。

若旅行时间依赖于节点的离开时间，相应的定向问题称为时间依赖的定向问题（time-dependent orienteering problem，TDOP）[25]。该问题源于现实交通场景中，路径的旅行时间受到早高峰等交通堵塞情况的影响，其与时间依赖转换时间型敏捷卫星调度问题最大不同之处在于：在定向相关研究中，时间依赖的通行时间只与前一个地点的离开时间（或访问时间）相关，而在敏捷卫星调度问题中，时间依赖转换时间同时与两个任务的观测开始时间相关。此外，其转换时间计算模型与定向问题中通常采用的时变速度模型不同，因此其时间依赖特性不尽相同。相比之下，敏捷卫星的时间依赖转换时间模型更难处理，已有的时间依赖定向问题求解算法不能直接用于敏捷卫星调度问题中。

尽管如此，从模型角度上来说，敏捷卫星调度与车辆路径规划、定向问题、带序列依赖准备时间的订单接受与调度等序列调度问题仍有非常多的相似性。敏捷卫星调度问题可以归约为这类经典问题模型，并借助已有的成熟且丰富的建模和求解技巧，加以适应性调整和改进，能很好地辅助求解敏捷卫星调度问题。

2. 时间依赖收益型敏捷卫星调度问题

尽管时间依赖收益特性在敏捷卫星调度领域具有非常重要的研究价值，但目前为止，仅有非常少的研究关注该问题特性。Wolfe 和 Sorensen[26] 在研究数传调度问题时，假设收益值在每个可见时间窗的分布不同，并且任务的收益与任务执行的持续时间成正比。然而，本书中时间依赖收益不受任务执行时长的影响，且该模型中不考虑转换时间。Liu 等[22] 的敏捷卫星调度模型中，将可见时间窗不同位置上的成像质量划分为十个等级，每个成像任务存在一个最低成像质量要求，只允许其调度在时间窗内满足最低成像质量要求的位置。然而实际上，该成像质量要求与调度无关，可在预处理阶段裁剪时间窗口内不满足要求的部分使每个任务满足该约束。

时间依赖收益问题特性在经典的组合优化问题的研究中得到过一些关注，例如考虑时间依赖收益的车辆路径规划问题（vehicle routing problem with time-dependent rewards，VRP-TDR）[27]、考虑时间依赖收益的定向问题（orienteering problem with time-dependent rewards，OP-TDR）[28-31]。但是，这些研究均假设访问节点的收益（或惩罚）随着时间单调减少（或增加）。这种假设的应用场景——血液运输问题（blood transportation problem，BTP）[27] 中，要求车辆选择最合适的路线访问献血点，使得在每个献血点收集的血液尽可能保持新鲜。显然，在这种情况下，血液存储量大的献血点优先访问，并且不可能存在车辆在献血点等待从而获得更大收益的情况。类似的应用还有维修系统规划[30]、灾难救济链问题[31]。这种单调的时间依赖收益模型也类似于一种特殊情况的"软时间窗"[32-33]，即迟到的访问会造成一定的惩罚，但在某时间窗内的"准点"到达不会对收益造成影响。然而，本书中的"时间依赖收益"模型是非单调的，与之前研究的模型有很大不同。据我们了解，该非单调时间依赖特性从未有人研究过，更未有人提出过相应的启发式算法或精确算法。

1.2.2　分支定价算法

本书最重要的研究内容是采用分支定价和分支定价割平面精确算法求解敏捷卫星调度问题。精确算法的优势在于能够获得问题的最优解或提供一个上下界作为解质量的保证，对精确算法的深入研究具有非常重要的理论意义和实际价值。下面对本书所采用的分支定价和分支定价割平面算法进行综述。由于敏捷卫星调度问题与车辆路径规划这类序列调度问题具有高度的模型相似性，而这类经典问题的精确算法已经得到了较为深入的研究，因此，对分支定价精确算法的综述将以车辆路径规划作为问题切入点。

车辆路径规划问题（vehicle routing problem，VRP）是运筹学领域最经典也是研究最为深入的问题之一，对该问题的研究最早可追溯至 1959 年 Dantzig 和 Ramser 的关于批发油库运输路线的工作[34]。该问题对应的经典模型是带容量约束的车辆路径规划问题（capacitated vehicle routing problem，CVRP）。在随后的几十年中，根据现实应用的需求，VRP 又发展出了其他的变形版本，其中应用较为广泛有带时间窗的车辆路径规划问题（vehicle routing problem with time windows，VRPTW）。目前大多数 VRP 的精确求解算法都依赖于分支定界（branch-and-bound，BB）算法来完成整个解空间的搜索，这是因为分支定界算法的表现很大程度上依赖于通过分支定界树搜索所获得的界的质量，而利用现有的一些求解技术能有效提高分支定界算法中界的质量，从而形成新的求解算法。其中，最为常用的方法有分支割平面（branch-and-cut，BC）算法、分支定价（branch-and-price，BP）算法和分支定价割平面（branch-and-price-and-cut，BPC）算法。分支割平面算法是在求解分支上的线性松弛问题时，引入有效不等式使其线性松弛界更紧凑，从而有效减少分支定界树的规模的算法。分支定价算法是分支定界算法与列生成算法的结合，由 Dantzig-Wolfe 分解得到的模型往往比原问题模型的线性松弛界更紧，且列生成算法能更高效地求解大规模线性规划（linear programming，LP）问题。分支定价割平面法则是将这两种技术融合在一起，具备两种算法的优势和特点，但同时算法设计更为复杂。从发展历程来看，

BC 算法在早期很长一段时间内都被认为是求解 VRP 这类问题最好的精确算法
[35−36]。直到 1984 年，Desrosiers 等[37] 学者提出了列生成算法求解 VRPTW，这
一开创性的工作揭开了 BP 算法和 BPC 算法求解该问题的序幕。自那以后，越
来越多学者关注于该类求解算法的研究中，并取得了巨大的突破[38−40]。

采用 BP 算法求解 VRP 时，需要使用列生成算法求解模型，也就是将基于流
变量的原问题模型通过 Dantzig-Wolfe 分解转化为基于路径变量的集合划分（set
partition，SP）主问题和用于生成主问题列的定价子问题，其中定价子问题对应于
求解资源受限的初等最短路问题（resource constrained elementary shortest path
problem，RCESPP），每一列对应于某车辆的访问线路。所谓"初等"是指路径
中不存在重复访问的节点，即不存在子回路 (cycles)。正是由于初等约束的存在，
RCESPP 被证明是个 NP-hard 问题[41]。Desrochers 等[38] 人提出的分支定价算
法中，将主问题的集合划分模型转化为集合覆盖（set covering，SC）模型，并允
许主问题的列中存在非初等路径。这种模型转化的好处在于：① 在求解线性松
弛问题时，集合覆盖模型比集合划分模型更稳定；② 通过松弛初等约束，定价子
问题 RCESPP 简化为初等约束的松弛版本，即资源受限的最短路问题（resource
constrained shortest path problem，RCSPP），该问题具有伪多项式复杂度的高
效算法 (常用为基于标号扩展的动态规划算法)，加速了列生成的求解。但需要注
意的是，允许非初等路径的出现会使得分支定界树中每个节点的线性松弛下界更
弱，不利于分支的搜索。近二十年内，大量的研究工作关注于改善下界的质量，大
体可归类于两种方式：① 提高定价子问题的求解效率；② 往主问题中动态添加
有效不等式来提高下界质量，形成 BPC 算法。

第一种方式通常的做法是尽量减少非初等路径的出现。Desrochers 等[38] 人
通过提出了基于 2-子回路移除的标号算法来避免生成包含长度为 2 的子回路的路
径。Irnich 和 Villeneuve[42] 将其扩展至子回路长度大于或等于 3 的情况。Feillet
等[43] 提出采用与求解 RCSPP 相同的动态规划算法来求解 RCESPP，不同之处在
于需要为每个节点添加一个节点访问资源用于标记该节点是否被当前标号访问。
因此，相当于动态规划算法需要额外考虑 $|V|$ 种资源，增加了问题维度，该算法仅
适用于可行路径中节点数较少的情况。实验结果表明，定价子问题求解 RCESPP
能获得更好的下界。Righini 和 Salani[44] 发现采用双向动态规划（bidirectional
dynamic programming，BDP）会比传统的单向动态规划效果更好。Boland 等人[45]
和 Righini 以及 Salani[46] 分别独立地提出了递减状态空间松弛（decremental state
space relaxation，DSSR）技术，具体思路是首先松弛所有节点的初等约束，若动态
规划得到的路径为非初等路径，则将重复访问的节点强制添加初等约束，重新迭代

地运行动态规划直至最优路径为初等路径。该松弛技术能有效提高 RCESPP 的求解效率。Baldacci 等[47] 提出了一种新的初等约束松弛技术并成功应用于 CVRP 和 VRPTW 中，称为 ng 路径松弛（ng-path relaxation）。具体来说，首先对每个节点根据位置信息预设其邻域节点集合，当动态规划算法扩展某路径至新节点时，该路径只"记忆"新节点的邻域节点集合中已访问过的节点信息，忽略该集合以外其余节点的访问信息。提高邻域节点集合规模，能有效提高下界质量，减少子回路出现的次数，但会增加动态规划算法的计算时间，因此可通过灵活调节邻域节点集合的大小来实现下界质量和子问题计算难度之间的权衡。Roberti 和 Mingozzi[48] 提出动态 ng 路径松弛技术，在每次列生成迭代求解受限主问题时，根据受限主问题的解来更新邻域节点集合。

第二种提高下界的方式是添加割平面，将 BP 算法改造成 BPC 算法。Kohl 等[49] 首次将 BPC 算法应用于 VRPTW 中，提出了一类称为 2-路径割平面（2-path cuts）的不等式，其基本思想是对于因时间窗约束使单个车辆无法同时访问的节点子集，进入该子集的流变量必然大于或等于 2。Cook 和 Rich[50] 将其推广至 k-路径割平面（k-path cuts）。这类割平面都是定义在原问题变量（即流变量）上，只需更新每个节点对应的对偶变量值，不会破坏子问题的求解结构，因此这类割平面是鲁棒的[51]。Jepsen 等[52] 提出了另一类对 VRPTW 非常有效的割平面——SRI（subset-row inequality）割平面。该类割平面可归类于 Chvátal-Gomory rank 1 不等式，能有效提高线性松弛下界，大幅减少整性间隙（gap）。然而，SRI 割平面是定义于主问题变量上的不等式，是非鲁棒的割平面，添加该类割平面会提高定价子问题的求解难度，因此需要权衡控制该类割平面添加的数目。Pecin 等[53] 在 SRI 割平面研究的基础上，提出了有限记忆（limited-memory）SRI 割平面，该割平面的强度不如 SRI 割平面，但降低了子问题的求解难度。为进一步减少线性松弛解中非初等路径的出现，Contardo 等[54] 提出了 SDCs（strong degree cuts）割平面，但该割平面依赖于集合划分模型，不适用于敏捷卫星调度模型。根据 VRP 不同的扩展模型特点，还有很多有效割平面，作用各不相同，详见综述文章[55]。

除了上述改善下界质量的方法外，提高 BP 和 BPC 算法效率的技术还有很多，例如使用拉格朗日下界提早结束列生成算法[56]，采用原始启发式 (primal heuristic) 算法[57] 生成高质量的可行上界，或者采用对偶稳定技术[58-60] 来减少列生成算法的迭代次数，减少"甩尾效应"的负面影响。本书采用了前两种技术来改善 BP 和 BPC 算法性能，具体见第 5 章内容。对偶稳定技术是加速列生成算法的高阶方法，然而，在应用于敏捷卫星调度问题的精确算法时发现，该技术并不能提高算法效率，这是因为敏捷卫星调度模型是非对称的，即不同圈次的定价子问题是不同的，而文献中仅验证了对偶稳定技术应用于子问题对称性的优化问题（如 VRP 这类架设车辆同质的情况）时有效，因此本书不考虑该改进方法。

1.3 本书研究内容

根据以上研究中的不足，本书主要研究了两种敏捷卫星调度模型：时间依赖转换时间型敏捷卫星调度模型，以及在此基础上额外考虑时间依赖收益特性的扩展模型。具体来说，对第一个模型，本书针对时间依赖的转换时间进行了建模分析，推导并证明了时间依赖的转换时间服从"先进先出"和三角不等式规则，为求解算法的优化设计提供了基础性的理论支撑。此外，出于实际工程调度的需求，本书额外考虑了时间依赖收益特性对调度模型的影响，对时间依赖收益进行了建模处理。针对上述两种问题模型，均设计了基于迭代局部搜索的启发式算法和基于分支定价的精确算法。不同之处在于求解算法需要针对时间依赖收益做出适应性调整。本书的主要工作包括：

（1）对转换时间的时间依赖特性开展深入的建模分析，验证其满足"先进先出"和三角不等式规则，并提出了最小转换时间的概念以及预处理方法。

本书第 2 章探讨了转换时间的时间依赖特性对敏捷卫星调度问题的影响，根据工程中常用的转换时间计算公式及卫星能力参数等，推导并证明其服从两个方面的性质："先进先出"规则和三角不等式规则。若忽略其时间依赖特性，这两种规则必然得到满足。然而，在考虑时间依赖特性的情况下，当前未有研究对这些性质进行分析和验证，这就使敏捷卫星求解算法的设计缺乏足够的理论依据。在满足这两种规则的基础上，本书提出了最小转换时间、最早开始时间和最晚开始时间、不可达最早时间和不可达最晚时间的概念，并提出了转换时间的预处理方法，极大地减少了调度算法重复大量计算实际转换时间所消耗的计算资源，提高了算法的计算效率。

（2）针对时间依赖转换时间型敏捷卫星调度问题，提出了贪婪随机迭代局部搜索启发式算法，并通过实验对比证明了该算法比当前最好的单星和多星算法的寻优效果更好。

本书第 3 章第一部分将时间依赖转换时间型敏捷卫星调度问题转化为带时间窗口约束的定向问题，提出了基于时间松弛量的迭代局部搜索算法。为了获得更好的搜索表现，本书采纳了贪婪随机迭代局部搜索的启发式求解框架。该算法框架包含两层模块，内层模块是迭代局部搜索算法，外层模块是调节一个贪婪因子参数值的循环，它用于控制内层迭代局部搜索的随机性，从而提高算法搜索多样性。针对转换时间的时间依赖特性，改进了插入算子中插入任务选择概率计算公式。针对同一观测目标最多只能调度到一个圈次的约束，算法提出了分配操作，用于每次插入新任务时检查并消解该约束冲突。通过大量的实验对比发现，本算法无论在单星调度问题，还是在多星调度问题上，在求解效果和速度上都超越了当前最好的启发式算法。

（3）研究了时间依赖收益型敏捷卫星调度问题和模型，提出了基于双向动态规划的迭代局部搜索启发式算法。

以实际工程需求为出发点，构建了时间依赖收益型敏捷卫星调度模型，并在第 3 章第二部分提出了启发式求解算法。该模型与一般调度模型的区别是，观测目标的收益取决于该目标在可见时间窗内的具体观测开始时间。因此，求解算法需要额外考虑两个方面的问题：① 给定某调度任务序列，如何通过优化并确定序列中每个任务的具体观测开始时间，来最大化整个序列的实际调度收益？② 在插入算子中，如何快速准确地评估执行插入算子所带来的实际任务收益？对于第一个问题（即优化任务序列的观测开始时间），分析了该问题的最优子结构，并提出了基于累积收益递推的动态规划方法，该方法多项式的时间复杂度保证了算法的求解效率。对第二个问题，将动态规划的单向递推改进为双向递推，定义前向和后向累积收益，从而实现任务插入的最大实际收益快速评估。

（4）提出了精确求解时间依赖转换时间型敏捷卫星调度问题的分支定价割平面算法，融合了多种技术提高求解效率，算法能在可接受时间内求解中等规模的算例。

本书第 4 章第一部分首次提出了一种能精确求解敏捷卫星多圈调度问题的分支定价割平面算法。该算法首先通过 Dantzig-Wolfe 分解（Dantzig-Wolfe decomposition，DW）对数学模型进行重构，将原问题转化为一个主问题和多个子问题。其中，每个子问题对应于每个圈次上的单圈调度问题，而主问题以单圈规划方案的执行次数为决策变量，以最大化所有可执行单圈方案的总收益为目标，同时满足每个圈次的方案最多执行一次以及每个目标最多观测一次的约束。单圈调度子问题可视为资源受限的初等最短路问题，可采用基于标号扩展的动态规划算法求解。考虑到初等约束极大地提高了求解难度，采用了两种初等约束松弛技术来提高子问题的求解效率。主问题采用分支定界的框架来求解，在每个分支节点上采用列生成方法求解相应的线性松弛模型，即每一列看作一单圈调度方案。根据调度模型的特点，定义了新的分支策略来保证分支节点的可行性和有效性，采用了拉格朗日松弛上界来加速列生成，通过在根节点上采用原始启发式算法构造初始解来减少分支树规模。此外，本书采用了经典的 SRI 割平面减少线性松弛主问题的分数解，极大地提高了求解效果。由于 SRI 割平面属于非鲁棒切平面，为确保算法的最优性，每次添加切平面后，定价子问题求解算法需做相应调整。

（5）设计了精确求解时间依赖收益型敏捷卫星调度问题的分支定价算法，提出了四种定价子问题的算法改进措施，并验证其有效性。

本书第 4 章第二部分研究了时间依赖收益型敏捷卫星调度模型的精确算法。通过 Dantzig-Wolfe 分解重构后得到主问题与定价子问题，其定价子问题非常特殊，其单圈调度方案的缩减成本不仅受到所选任务的影响，也会受到任务的观测开始时间的影响。因此，考虑时间依赖收益时，定价子问题非常复杂，分支定价算法的关键在于能否设计出定价子问题的高效求解算法。在基于标号扩展的动态规划算法的基础上，为每个标号定义了累积权重函数，用于记录其相应访问路径在不同观测时刻的最大累积权重，并对扩展函数和占优准则进行了重定义。为在保证算法最优性的情况下提高求解效率，提出了四种算法改进：部分占优准则、标号融合、迂回剪枝策略和自适应方向扩展。实验证明，这四种改进策略能大量减少子问题求解过程中需要生成的标号数量，减少了定价子问题的求解时间，为分支定价算法求解考虑该问题特性的多圈调度奠定了基础。

本书的主要创新点归纳如下：① 数学上验证了时间依赖转换时间满足先进先出规则，为后续算法的设计奠定了理论基础；② 针对时间依赖转换时间型调度问题，提出了贪婪随机迭代局部搜索启发式算法和分支定价割平面算法，通过数值实验验证了算法的有效性；③ 针对时间依赖收益型调度问题，提出了双向动态规划-迭代局部搜索的启发式算法和分支定价精确算法，就其特殊形式的定价子问题，提出了四种算法改进机制，实验验证了算法具有快速寻优能力。

1.4 本书主要框架

本书主要框架如图 1.2 所示，各章节的具体研究内容如下：

第 1 章为绪论。综合介绍了本书的研究背景与意义，全面综述了敏捷对地观测卫星调度问题和分支定价精确算法国内外研究现状，介绍了主要研究内容和创新点，以及主体组织结构。

第 2 章为时间依赖型敏捷卫星调度问题。介绍了敏捷对地观测卫星的基本工作原理与流程，阐述了相关背景知识和实际需求，引出了本书研究的两个主要问题：时间依赖转换时间型敏捷卫星调度问题与时间依赖收益型敏捷卫星调度问题。前者对应于通常意义下的敏捷卫星调度问题，后者则是在前者的基础上，额外考虑时间依赖收益特性衍生的新问题。进一步地，规定了这两个调度问题的边界范围与基本假设，分析了调度问题的优化目标与主要约束，建立了以流变量作为主要决策变量的数学模型。此外，还对转换时间的时间依赖特性，以及时间依赖收益特性进行了深入的建模分析与推导证明，提出了最小转换时间、最早开始时间和最晚开始时间等概念来简化原问题模型，设计了一种转换时间预处理方法来减少调度求解所需时间。

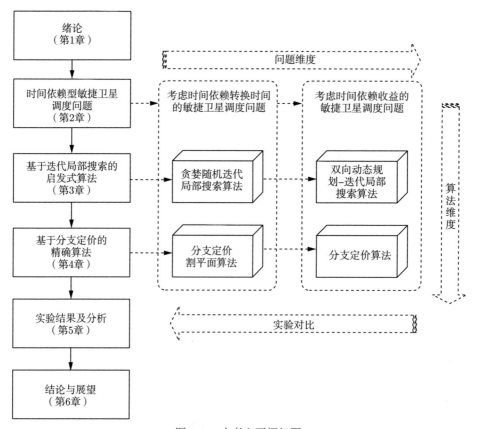

图 1.2　本书主要框架图

第 3 章为基于迭代局部搜索的启发式算法。根据时间依赖转换时间型和时间依赖收益型两种调度问题模型，分别提出了贪婪随机迭代局部搜索（greedy ran-domized iterated local search，GRILS）算法以及双向动态规划-迭代局部搜索（bidirectional dynamic programming based iterated local search，BDP-ILS）算法。这两种算法的核心框架都是迭代局部搜索（iterated local search，ILS）。GRILS 算法着重考虑了时间窗约束与转换时间约束的影响，提出了基于全局时间松弛量的快速插入算子,用于插入操作的快速可行性检验。BDP-ILS 算法着重于运用动态规划方法评估解的实际总收益,优化任务的观测开始时间,并将双向动态规划与快速插入算子结合,实现插入操作的快速评估,指引启发式搜索方向。

第 4 章为基于分支定价的精确算法。根据时间依赖转换时间型和时间依赖收益型两种调度问题模型,分别提出了分支定价割平面算法和分支定价算法。前者是在分支定价基础上,引入有效不等式形成的求解框架。因此,两者均采用了列生成算法求解线性松弛模型,即使用 Dantzig-Wolfe 分解将原问题转换为主问题和定价子问题,并使用了相同的分支策略进行分支搜索。两者最大不同之处在于定价子问题上。前一个调度问题的定价子问题为资源受限的初等最短路问题,运用了基于标号扩展的动态规划算法求解,并提出了两种初等约束的松弛方法:基于递减状态空间松弛和 ng 路径松弛。为提高求解效率,针对列生成推导出了拉格朗日上界的终止条件,提出了原始启发式算法构造初始解,并引入了 SRI 割平面来优化整性间隙,减少分支规模。对于后一个调度问题,在动态规划算法的基础上,引入了累积权重函数来适应时间依赖收益特性,并提出了四种改进机制用于提高算法性能。

第 5 章为实验结果及分析。在介绍测试算例的基础上,根据上述两种问题模型,对所提出的四种调度算法分别进行了对比实验以及结果分析。对于每一种算法,对比了现有最新算法,以及所设计的算法机制对调度的影响。对于每一种问题模型,在分别评估其启发式算法和精确算法的基础上,横向比较启发式算法与精确算法的优劣和适用条件。

第 6 章为结论与展望。对本书的主要工作和创新点做了细致的总结,并从调度因素、算法改进、不确定鲁棒优化模型及相似问题模型四个方面对未来的研究工作进行了展望。

第2章

时间依赖型敏捷卫星调度问题

本章主要对敏捷卫星调度问题进行准确和深入的问题描述分析与建模，介绍敏捷卫星调度的基本概念、模型假设与简化、输入输出等。本章内容将依次对时间依赖转换时间型敏捷卫星调度问题与时间依赖收益型调度问题进行建模，其中前者包含于后者，后者是前者的附加补充。为避免叙述累赘，对于后者，本章只叙述对时间依赖收益特性建模以及整体模型的变化。此外，对转换时间的时间依赖特性建模是本章的重点，也是调度求解算法设计的理论基础。在此基础上提出的转换时间预处理算法，减少了调度过程中转换时间的计算次数，是调度算法计算效率的有效保证。

2.1 时间依赖转换时间型调度问题描述与建模

2.1.1 问题描述

考虑时间依赖转换时间的敏捷卫星调度问题，即常规意义下对敏捷卫星的观测任务进行调度安排，其调度方案的效果是影响卫星系统工作效能的关键因素。实际应用中，敏捷卫星系统的工作流程如下：在一定周期内，由地面管控中心收集观测需求（观测目标地理位置和任务优先级），通过对观测需求的预处理，包括观测需求分解、可见性预报等，生成标准化的调度输入，然后由规划调度系统进行任务调度，生成观测任务方案，形成控制指令计划并上注至卫星。这里统一定义任务为某观测目标的一次观测活动，包含调度该目标的圈次信息、时间窗和观测开始时间，是对该目标的一个调度结果。

根据观测区域的大小，观测目标可分为两种类型：点目标和区域目标。点目标是指卫星载荷一次推扫即可成像，而区域目标由于所需观测面积较大，需要多次推扫才可覆盖全部观测区域，此时通常将区域目标通过观测需求分解划分为多个矩形条带，每次推扫覆盖单个条带。可见性预报是指，根据给定卫星的轨道参数和待观测目标的地理位置，生成在给定调度周期内，待观测目标对卫星可见的时间范围（可见时间窗口）和范围内任意时刻对应的卫星瞬时姿态角（侧摆角、俯仰角和偏航角）数据。其中，可见时间窗口是指卫星一次过境某目标上空时，可以对该目标执行观测活动的时间范围，又称为观测窗口。而瞬时姿态角，是指卫星与观测目标之间的观测角度。通常来说，调度周期为一天或几天，而由于对地观测卫星围绕地球一圈大约为 90min，因此一天的调度周期内有 14~15 个圈次。其中一个圈次定义为卫星环绕地球一圈时在非地影区的时间段。在包含多圈的调度周期内，一个待观测目标有可能在多个圈次上可见，因此一个目标可能有多个可见时间窗并分布于不同的圈次，即该目标每个圈次最多有一个相应的可见时间窗。一般来说，调度问题考虑一个观测目标最多只能调度到一个可见时间窗口，即只能调度到一个圈次上，该约束可称为"目标唯一性约束"。

敏捷卫星调度问题还需要考虑到转换时间约束。转换时间约束是指任意两个连续观测任务之间的时间间隔必须不小于卫星完成这两个任务之间姿态转换的时间，一般为几十秒不等。由于同一个时间窗口内，不同的观测开始时间对应于不同的观测姿态角，因此转换时间的计算公式既可以表示为两个姿态角度的函数，又可以表示为相对于某两个可见时间窗口的两个观测开始时间的函数。工程中应用的姿态机动模型不同，转换时间的计算公式也不尽相同。本书中，采用了分段线性连续函数来计算转换时间。给定姿态变化量 $\Delta g(t_i, t_j)$，转换时间的计算公式如下：

$$\text{trans}(\Delta g) = \begin{cases} 11.66, & \Delta g \leqslant 10 \\ a_1 + \Delta g / v_1, & 10 < \Delta g \leqslant 30 \\ a_2 + \Delta g / v_2, & 30 < \Delta g \leqslant 60 \\ a_3 + \Delta g / v_3, & 60 < \Delta g \leqslant 90 \\ a_4 + \Delta g / v_4, & \Delta g > 90 \end{cases} \tag{2.1}$$

给定两个目标 i 和 j，以及其观测开始时间 t_i 和 t_j，姿态变化量为 Δg，其计算公式为

$$\Delta g = |\gamma_i(t_i) - \gamma_j(t_j)| + |\pi_i(t_i) - \pi_j(t_j)| + |\psi_i(t_i) - \psi_j(t_j)| \tag{2.2}$$

式中，$\gamma_i(t_i), \pi_i(t_i), \psi_i(t_i)$ 分别表示目标 i 在 t_i 时刻的瞬时侧摆角、俯仰角和偏航角。因此，转换时间可以表示为 $\text{trans}_{ij}^k(t_i, t_j)$，其中 k 表示所在圈次。v_1, v_2, v_3, v_4 代表不同姿态角变化量对应的不同角速度，a_1, a_2, a_3, a_4 代表相应的常数项。为符合实际物理模型的假设，它们的数值设定必须满足转换时间函数是一个单调非减

的连续函数。并且，通常来说，姿态变化量越大，卫星会采用更快的机动引擎实现姿态转换动作，因此，一般假设 $v_1 \leqslant v_2 \leqslant v_3 \leqslant v_4$。如无特别说明，本书采用角速度的数值为 $v_1 = 1.5(°)/s, a_1 = 5, v_2 = 2(°)/s, a_2 = 10, v_3 = 2.5(°)/s, a_3 = 16, v_4 = 3(°)/s, a_4 = 22$。需要特别说明的是，由于圈次之间相隔时间较长的地影区，不同圈次的可见时间窗必然满足转换时间约束，因此不同圈次的任务序列调度相对独立，不受转换时间的约束，这为后面调度算法采用分解思想提供了思路。

综上所述，敏捷卫星调度问题是指给定一组收益各不相同的候选观测目标集合，以及其在调度周期内相应的观测窗口，在满足调度约束（如可见时间窗约束、转换时间约束和多圈唯一性约束）的情况下选择部分目标并确定其观测序列，以达到最大化调度任务总收益的目的。此时不考虑时间依赖收益特性，即调度目标只要安排在其观测窗口内，就能获得相应的收益值。

由以上描述可知，整个调度问题涉及各种各样的调度因素（如任务类型、卫星能力等），对该问题的建模求解需要明确问题的输入输出、优化目标和约束条件等，帮助划定问题边界，分析问题主要特点。

2.1.2　问题建模

1. 假设与简化

（1）只考虑点目标，不考虑区域目标。区域目标涉及条带划分，以及同一目标内的条带之间非线性收益的关系，会使调度问题更为复杂，因此暂不作考虑。

（2）不考虑星上能耗约束以及存储约束。本书假设卫星太阳能电池板能提供充足的能量，卫星固存容量充足，不考虑数传调度。

（3）本书使用的敏捷卫星，其实质为一类半敏捷卫星，具备较强的侧摆和俯仰能力，但偏航转动能力接近于零，因此只能沿迹成像，卫星成像期间侧摆角和俯仰角不变。本书统一采用观测开始时间对应的姿态角作为观测完成时刻的姿态角来计算转换时间。

2. 输入输出与符号定义

（1）输入

敏捷卫星调度问题的输入为一组观测目标集合，由 $T = \{1, 2, 3, \cdots, |T|\}$ 表示。在给定调度周期内，圈次的集合用 O 表示。对每个观测目标 $i \in T$，定义目标收益 P_i 和其在圈次 k 的可见时间窗口 $\mathrm{VTW}_i^k = [\mathrm{st}_i^k, \mathrm{et}_i^k](k \in O)$，成像持续时间 d_i 和窗口内每秒对应的侧摆角、俯仰角和偏航角，即 γ_i, π_i, ψ_i。另外，对目标

i, 定义 0-1 参数 b_i^k 来标识观测目标 i 在圈次 k 的可见性。$b_i^k = 1$ 表示目标 i 在圈次 k 可见, 否则为零。

若将目标 i 调度到圈次 k 对应的可见时间窗口 VTW_i^k 上, 称其为观测任务 i^k。为简化建模, 当不失一般性地讨论圈次 k 上的调度时, 若不引起歧义, 代表圈次的上标 k 可以被忽略, 此时 i, j 也可用于表示观测任务。

（2）输出

问题的输出为由一组调度任务组成的可行调度方案 S, 需要包含调度总收益 P_s, 调度目标集合 $\tilde{T}$, 以及任一调度目标 i 的观测开始时间 t_i。每个圈次的调度方案可表示为一调度任务序列, 总调度方案 S 由所有圈次的调度任务序列组成。

本节定义了基于"流变量"的调度问题数学模型。决策变量定义为：x_{ij}^k：0-1 变量, 值为 1 代表目标 i 和 j 均调度在圈次 k 上, 且 i 是 j 的直接先驱, 否则为 0；y_i^k：0-1 变量, 值为 1 代表目标 i 调度在圈次 k 上, 否则为 0；t_i：整数型变量, 表示调度目标 i 的观测开始时间。由于无论是姿态数据还是最终生成的指令计划均是以秒为单位给出, 因此本书中定义的观测开始时间也是以秒为单位的离散变量。

基于"流变量"的整数规划模型为

$$\max \sum_{i \in T} \sum_{k \in O} P_i \cdot y_i^k \tag{2.3}$$

s.t.

$$\sum_{k \in O} y_i^k \leqslant 1, \ \forall i \in T \tag{2.4}$$

$$\sum_{\substack{j \in T \cup \{e\} \\ j \neq i}} x_{ij}^k = \sum_{\substack{j \in T \cup \{s\} \\ j \neq i}} x_{ji}^k = y_i^k, \ \forall i \in T, k \in O \tag{2.5}$$

$$\sum_{j \in T \cup \{e\}} x_{sj}^k = 1, \ \forall k \in O \tag{2.6}$$

$$\sum_{j \in T \cup \{s\}} x_{je}^k = 1, \ \forall k \in O \tag{2.7}$$

$$t_i + d_i + \text{trans}_{ij}^k(t_i, t_j) - t_j \leqslant M(1 - x_{ij}^k), \ \forall i, j \in T, k \in O \tag{2.8}$$

$$\text{st}_i^k \leqslant t_i \leqslant \text{et}_i^k, \ \forall i \in T, k \in O \tag{2.9}$$

$$y_i^k \leqslant b_i^k, \ \forall i \in T, k \in O \tag{2.10}$$

$$x_{ij}^k \in \{0,1\}, y_i^k \in \{0,1\}, \ \forall i,j \in T \cup \{s,e\}, \ k \in O \qquad (2.11)$$

目标函数 (2.3) 表示最大化调度任务的总收益。约束 (2.4) 表示每个目标最多被调度一次，即目标唯一性约束；约束 (2.5) 为流平衡约束并连接决策变量 x_{ij}^k 和 y_i^k；约束 (2.6) 和约束 (2.7) 表示每个圈次的任务序列从虚拟起始任务 s 开始，以虚拟终止任务 e 结束；约束 (2.8) 表示转换时间约束；约束 (2.9) 表示可见时间窗约束；约束 (2.10) 表示目标只能调度到可见圈次上；约束 (2.11) 规定了决策变量的取值范围。M 代表非常大的正整数。

根据以上模型可知，敏捷卫星调度问题是一个典型的序列调度问题，而路径规划问题又是最典型也是研究最热门的一类序列调度问题。本书比较了敏捷卫星调度问题与传统的路径规划问题的相似点与不同点，发现敏捷卫星调度问题可以转化为一类特殊的定向问题 (OP)。所谓定向问题，是指给定一组不同收益值的目标点，目标点之间的距离已知，在满足一定约束（容量约束或最大路径长度约束）的情况下，选择其中一部分的目标点并确定其排序。敏捷卫星调度模型中的转换时间可以看作定向问题中的旅行时间，不同圈次可以看作不同的车辆。将敏捷卫星调度问题构建成定向问题，有助于借鉴已有的较为成熟的定向问题求解工具，根据敏捷卫星调度问题进行合理的补充和完善，设计出更高效的求解算法。

2.1.3　时间依赖转换时间建模

转换时间的时间依赖特性是指，转换时间的长短依赖于两个连续观测任务的观测开始时间，即采用不同的观测开始时间，转换时间不同，同时也会因为可见时间窗约束的存在而影响任务的可行性。由 2.1.2 节的模型分析可知，敏捷卫星调度问题可以看作一类带时间窗约束的时间依赖定向问题（TDOPTW）。然而，文献中 TDOPTW 的旅行时间只依赖于前一个目标点的离开时间，该时间依赖特性源于现实交通应用中旅行时间可能会受到早高峰交通堵塞的影响。而在敏捷卫星调度问题中，转换时间不仅依赖于前一个任务的观测开始时间，也依赖于后一个任务的观测开始时间，因此该时间依赖特性更为复杂。

图 2.1 展示了一个观测目标 A 和 B 的四个不同观测任务的简例，每个箭头代表了卫星从当前位置对某目标的观测俯仰角度。前两个观测任务（虚线箭头）对应的目标为 A，俯仰角分别是 π_A^1 和 π_A^2。后两个观测任务（实线箭头）对应的目标为 B，俯仰角分别是 π_B^1 和 π_B^2。侧摆角只依赖于目标和卫星的相对位置，这里假设目标 A 和 B 的侧摆角变化量 $\Delta\gamma_{AB} = 20°$，偏航角变化量 $\Delta\psi_{AB} = 0$。根据

公式 (2.1) 可计算出 A 和 B 的任意观测任务组合的转换时间，如图 2.1 所示。

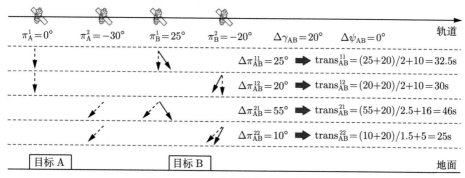

图 2.1　时间依赖转换时间示意图

在考虑时间依赖旅行时间的路径优化问题中，往往需要验证旅行时间是否仍满足两种规则：先进先出规则和三角不等式规则。所谓先进先出规则，是指先离开前一个目标点的车辆就会先抵达下一个目的地。而三角不等式规则是指从 A 点到达 B 点，必然不晚于从 A 点绕道 C 点，再到 B 点的抵达时间。不考虑时间依赖特性时，这两种规则显然满足，而当考虑时间依赖特性时，则未必满足。旅行时间（转换时间）是否满足这两种规则，会极大地影响模型求解和算法设计。因此，本节从这两个方面对时间依赖的转换时间进行推导和验证。

（1）先进先出（FIFO）规则

对 FIFO 规则的验证，需要讨论两种情况：① 固定后一个任务 j 的观测开始时间，改变前一个任务 i 的观测开始时间（见图 2.2（a））；② 固定前一个任务 i 的观测开始时间，改变后一个任务 j 的观测开始时间（见图 2.2（b））。

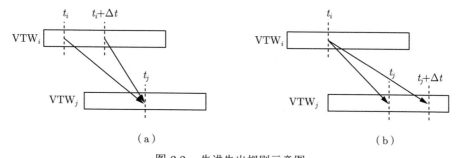

图 2.2　先进先出规则示意图

（a）固定后一任务，改变前一任务；（b）固定前一任务，改变后一任务

首先考虑第一种情况，证明如下命题：

命题 2.1　时间依赖转换时间满足先进先出规则，当且仅当

$$\frac{\mathrm{dtrans}_{ij}(t_i, t_j)}{\mathrm{d}t_i} \geqslant -1 \tag{2.12}$$

证明　先证必要性。如果 $\mathrm{trans}_{ij}(t_i, t_j)$ 满足先进先出规则，那么

$$t_i + \mathrm{trans}_{ij}(t_i, t_j) \leqslant t_i + \Delta t + \mathrm{trans}_{ij}(t_i + \Delta t, t_j), \forall \Delta t \geqslant 0$$

进而，有

$$\frac{\mathrm{trans}_{ij}(t_i + \Delta t, t_j) - \mathrm{trans}_{ij}(t_i, t_j)}{\Delta t} \geqslant -1$$

$$\lim_{\Delta t \to 0} \frac{\mathrm{trans}_{ij}(t_i + \Delta t, t_j) - \mathrm{trans}_{ij}(t_i, t_j)}{\Delta t} \geqslant \lim_{\Delta t \to 0} (-1)$$

不等式 (2.12) 成立。

再证充分性。虽然可见时间窗内姿态角度数据是以离散 (秒) 形式记录，但实际上姿态角度是随时间连续变化的。已知转换时间函数 (2.1) 和姿态变化量计算公式 (2.2)，$\mathrm{trans}_{ij}(t_i, t_j)$ 在 $[t_i, t_i + \Delta t]$ 上是连续变化的。由中值定理可知，在 $[t_i, t_i + \Delta t]$ 上至少存在一个点 t_i^*，使得

$$\frac{\mathrm{dtrans}_{ij}(t_i^*, t_j)}{\mathrm{d}t_i^*} = \frac{\mathrm{trans}_{ij}(t_i + \Delta t, t_j) - \mathrm{trans}_{ij}(t_i, t_j)}{\Delta t} \tag{2.13}$$

若 $\dfrac{\mathrm{dtrans}_{ij}(t_i, t_j)}{\mathrm{d}t_i} \geqslant -1$ 对所有 $[t_i, t_i + \Delta t]$ 中的点 t_i^* 都成立，则有

$$\frac{\mathrm{trans}_{ij}(t_i + \Delta t, t_j) - \mathrm{trans}_{ij}(t_i, t_j)}{\Delta t} \geqslant -1 \tag{2.14}$$

$$t_i + \mathrm{trans}_{ij}(t_i, t_j) \leqslant t_i + \Delta t + \mathrm{trans}_{ij}(t_i + \Delta t, t_j) \tag{2.15}$$

满足先进先出规则。

根据以上命题，只需验证 $\dfrac{\mathrm{dtrans}_{ij}(t_i, t_j)}{\mathrm{d}t_i} \geqslant -1$，即可证明转换时间符合先进先出规则。不妨设 $\kappa = \dfrac{\mathrm{dtrans}_{ij}(t_i, t_j)}{\mathrm{d}t_i}$，其代表固定后一个观测任务 j 的观测开始时间 t_j，任务 i 在其可见时间窗口内时刻 t_i 对应的单位时间转换时间变化量。由于本书采用的是半敏捷卫星，成像时侧摆角和偏航角近乎不变，可得

$$|\kappa| = \lim_{\Delta t \to 0} \frac{|g_i(t_i + \Delta t) - g_i(t_i)|}{v} \approx \lim_{\Delta t \to 0} \frac{|\pi_i(t_i + \Delta t) - \pi_i(t_i)|}{v} \tag{2.16}$$

其中，$g_i(t_i)$ 代表任务 i 在 t_i 时刻的瞬时姿态角，v 代表转动角速度。由于姿态角数据是以秒为单位给出，式 (2.16) 可转化为

$$|\kappa| \approx \frac{|\pi_i(t_i+1) - \pi_i(t_i)|}{v} \leqslant \frac{|\pi_i(t_i+1) - \pi_i(t_i)|}{v_{\min}} = |\kappa_{\text{upper}}| \qquad (2.17)$$

其中，$v_{\min}$ 代表了 v_1, v_2, v_3, v_4 中的最小角速度，$|\kappa_{\text{upper}}|$ 代表了 $|\kappa|$ 的上界。实际应用中，$|\kappa_{\text{upper}}|$ 的值取决于卫星的各项参数以及观测目标的地理位置。可以发现，给定任意实际卫星参数和算例，$|\kappa_{\text{upper}}|$ 总是严格小于 1。因此，转换时间总是满足先进先出规则，即推迟前一个任务的观测开始时间，并不能比不推迟时更早开始观测下一个任务。对于图 2.2(b) 的情况，FIFO 规则亦满足，即推迟后一个任务 j 的执行，前一个任务 i 所要求的最晚开始时间不会比不推迟时更早。

相似的结论在文献 [19] 有提及，但是并没有给出详细的推导证明。在满足 FIFO 规则的情况下，这里提出了"最小转换时间"的概念，应用于预处理算法中，达到简化模型并减少计算时间的目的，在 2.1.4 节中详细介绍。

（2）三角不等式规则

考虑观测任务 i 和 j，以及"迂回"任务 m，假设忽略任务 m 的成像持续时间。若下列不等式满足，则三角不等式规则必然满足：

$$\text{trans}(|\Delta g_{im}|) + \text{trans}(|\Delta g_{mj}|) \geqslant \text{trans}(|\Delta g_{ij}|) \qquad (2.18)$$

其中 $\Delta g_{im}, \Delta g_{mj}, \Delta g_{ij}$ 代表姿态角变化矢量，假设 v_{im}, v_{mj}, v_{ij} 分别代表对应于 $|\Delta g_{im}|, |\Delta g_{mj}|, |\Delta g_{ij}|$ 的姿态转动角速度。已知 $\Delta g_{ij} = \Delta g_{im} + \Delta g_{mj}$，必有 $|\Delta g_{ij}| \leqslant |\Delta g_{im}| + |\Delta g_{mj}|$，下面分为两种取值情况讨论：

① 若 $|\Delta g_{ij}| > |\Delta g_{mj}|$，则有 $v_{im}, v_{mj} \leqslant v_{ij}$，代入转换时间计算函数 (2.1) 中。在考虑 $v_1 \leqslant v_2 \leqslant v_3 \leqslant v_4$ 的情况下，该函数是一个凹函数，因此不等式 (2.18) 必然成立。

② 若 $|\Delta g_{ij}| \leqslant |\Delta g_{mj}|$，由于转换时间函数 (2.1) 是一个单调非减函数，$\text{trans}(\Delta g_{mj}) \geqslant \text{trans}(\Delta g_{ij})$ 自然满足。

满足三角不等式规则，代表对任意两个连续观测任务之间插入新的观测任务不可能减少总的转换时间。换句话说，插入新的任务时可将转换时间的增加量看作插入的"代价"，而从调度任务序列中移除任务会释放转换时间资源，从而允许其他任务的插入。另一方面，该性质也证明了，在单圈调度中，把圈次中的可见时间窗看作节点，转换时间看作节点间弧段附带的成本，那么从某节点出发一次访问其他节点，所需消耗的总时间成本必然是一个单调非减函数。该性质为单圈调度精确算法的设计提供了理论前提，在第 5 章中详细说明。

2.1.4 最小转换时间预处理算法

前面提到，转换时间长短取决于两个连续观测任务的观测开始时间。在调度过程中，对任意两个连续的观测任务，为验证约束 (2.8) 和约束 (2.9) 的可行性，需要同时确定这两个任务的观测开始时间，若约束不可行，需要重新搜索这两个任务的可行观测开始时间，而新的观测开始时间又必须保证任务序列中与这两个任务相邻的其他任务的可行性，这就使得求解算法的设计变得非常复杂。文献 [22] 提出的 ALNS 算法，其插入算子中就沿用了这样的思路来确保每次插入新的任务不影响整个序列的可行性。

为简化模型和计算复杂度，在满足 FIFO 规则的前提下，我们提出了用"最小转换时间"来替代实际转换时间。它表示给定前一个任务 i 的观测开始时间，使下一个任务 j 的观测尽早开始时所要求的最小转换时间，记作 $\mathrm{mintrans}_{ij}(t_i)$。此时，对应的下一个任务 j 的最早可能观测开始时间称为最早开始时间，记作 es_j。由 FIFO 规则可知，VTW_j 中任何晚于 es_j 的观测开始时间都是 j 的可行观测开始时间。图 2.3 展示了转换时间与观测开始时间之间的对应关系。其中，最小转换时间对应于 VTW_j 中最早开始时间 es_j，任务 j 不可能在早于 es_j 的任一时刻观测。

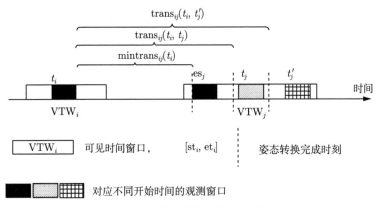

图 2.3 最小转换时间示意图

采用最小转换时间替代实际转换时间的好处在于，最小转换时间只依赖于前一个任务的观测开始时间。给定该观测开始时间后，算法可以确定后一个任务的可行观测开始时间范围，而无需确定其具体观测开始时间即可确保约束 (2.8) 和约束 (2.9) 的可行性，降低了问题求解的维度。此外，最小转换时间的性质与 TDOPTW 中的时间依赖旅行时间一致，因此现有的 TDOPTW 或者 OPTW 的求解方法[61-62] 可以直接用于本问题。约束 (2.8) 可以由以下式子代替：

$$t_i + d_i + \text{mintrans}_{ij}^k(t_i) - t_j \leqslant M(1 - x_{ij}^k), \ \forall i, j \in T, k \in O \tag{2.19}$$

给定前一个任务 i 的观测开始时间，计算后一个任务 j 的最早开始时间和相应的最早转换时间的步骤记作 $\text{EarliestStartTime}_{ij}(t_i)$。同理，给定后一个任务 j 的观测开始时间，定义前一个任务 i 的最晚开始时间 ls_j，计算步骤记作 $\text{LatestStartTime}_{ij}(t_j)$。这两个计算步骤均采用二分法求解，下面仅给出计算步骤 $\text{EarliestStartTime}(\ )$（忽略圈次号）：

固定前一个观测任务 i 的观测开始时间 t_i，检测后一个任务 j 的可见时间窗口开始时间 st_j，如果 $\text{trans}_{ij}(t_i, \text{st}_j)$ 满足转换时间约束，则令 $\text{mintrans}_{ij}(t_i) = \text{trans}_{ij}(t_i, \text{st}_j)$，$\text{es}_j = \text{st}_j$，否则检测可见时间窗口结束时间 et_j，若仍不满足，则代表从 t_i 时刻观测任务 i 后，不可能再观测目标 j。若满足约束，则最早观测时间必然在可行观测时间区间 $[\text{st}_j, \text{et}_j]$ 内，检测该区间中点是否能满足约束，进而将可行区间一分为二，如此重复直至找到最早开始时间以及相应的最小转换时间。该计算步骤伪代码如算法 2.1 所示。

算法 2.1 计算步骤 $\text{EarliestStartTime}_{ij}(t_i)$。

输入：观测任务 i 和 j，任务 i 的观测开始时间 t_i

输出：观测任务 j 的最早开始时间和最小转换时间

计算转换时间 $\text{trans}_{ij}(t_i, \text{st}_j)$ 和 $\text{trans}_{ij}(t_i, \text{et}_j)$；

if $t_i + d_i + \text{trans}_{ij}(t_i, \text{st}_j) \leqslant \text{st}_j$ **then**

  返回 $\text{es}_j = \text{st}_j$ 和 $\text{mintrans}_{ij}(h_i) = \text{trans}_{ij}(t_i, \text{st}_j)$；

else

  if $t_i + d_i + \text{trans}_{ij}(t_i, \text{et}_j) > \text{et}_j$ **then**

    任务 j 无可行观测开始时间，算法停止；

  else

    $\text{lb} \leftarrow \text{st}_j$; $\text{ub} \leftarrow \text{et}_j$;

    while TRUE **do**

      $t \leftarrow \text{lb} + \dfrac{(\text{ub} - \text{lb})}{2}$;

      计算转换时间 $\text{trans}_{ij}(t_i, t)$；

      if $\text{ub} - \text{lb} < 2$ **then**

        返回 $\text{es}_j = \text{ub}$, $\text{mintrans}_{ij}(t_i) = \text{trans}_{ij}(t_i, t)$；

      end if

      计算转换完成时刻 $F_{\text{trans}} = t_i + d_i + \text{trans}_{ij}(t_i, t)$；

      if $F_{\text{trans}} \leqslant t$ **then**

        $\text{ub} \leftarrow t$;

      else

```
            lb ← t;
        end if
      end while
    end if
  end if
```

计算步骤 EarliestStartTime( ) 和 LatestStartTime( ) 可以帮助调度算法在确定某个任务观测开始时间时，计算出其相邻任务的可行观测开始时间范围，从而使算法调度新任务时（如往调度任务序列某位置插入新任务）实现快速检查任务序列的可行性，并准确衡量在考虑转换时间的时间依赖情况下，该操作对任务序列带来的影响。举个例子，假设算法将任务 j 插入在任务 i 之后（任务 i,j 的观测开始时间已给定），采用实际转换时间作为该插入操作的"代价"意义不大，这是因为实际转换时间会随着 j 的观测开始时间而改变，此时采用最小转换时间作为代价更为合理。我们在后续调度求解算法实现的过程中发现，算法往往需要大量重复地调用 EarliestStartTime( ) 和 LatestStartTime( )，因此我们采用"空间换取时间"的思想，在预处理阶段，对同一圈次任意两个时间窗口之间计算相对于前一个窗口的任一观测开始时间，下一个窗口的最早开始时间（使用 EarliestStartTime( )），以及相对于后一个窗口的任一观测开始时间，前一个窗口的最晚开始时间（使用 LatestStartTime( )）。通过采用这样的预处理，调度求解时可直接获得最小转换时间，而无需消耗计算资源。全程采用二分法进行预处理需要花费较多计算资源，利用 FIFO 规则和姿态角度连续变化的特性，采用顺序检查的方法可进一步简化预处理。具体来说，假设给定前一个窗口 VTW_i 和后一个窗口 VTW_j，通过二分法可找出 VTW_i 在 t_i 时刻对应于 j 的最早开始时间 es_j，在计算 (t_i+1) 时刻对应的最早开始时间时，无需采用二分法，而是从 VTW_j 的 es_j 时刻开始往后逐一搜索，可在 $(\mathrm{es}_j+\Delta t)$ 时刻之前找到其最早开始时间。其中参数 Δt 取值与卫星姿态转换角速度以及时间窗内姿态变化幅度有关，即与参数 κ_{upper} 有关。在本书给定的参数配置下，$\Delta t=2$，即 (t_i+1) 时刻对应的最早开始时间一般在 $[\mathrm{es}_j,\mathrm{es}_j+2]$ 之间。

下面分析预处理算法的复杂度：采用二分法执行一次计算步骤 EarliestStartTime( ) 的时间复杂度为 $O(\log_2 H)$，其中 H 为可见时间窗的平均窗口长度（单位：s），即最坏情况需要调用 $\log_2 H$ 次函数 (2.1)。若预处理同一圈次内任意两个时间窗口在每一秒的实际转换时间，复杂度为 $O(n^2 H^2 \log_2 H)$，其中 n 代表同一圈次内平均窗口数；若预处理的是最小转换时间，全程采用二分法的时间复杂度为 $O(n^2 H \log_2 H)$，使用顺序检查时的时间复杂度为 $O(n^2 \log_2 H + 3H)$。

除此之外，预处理阶段，我们对任一圈次 k 的每个可见目标 i，计算了"不可达"最早时间向量，记作 ue_i^k。该向量的元素 $\mathrm{ue}_i^k(j)$ 表示从 VTW_i^k 出发，不能抵达 VTW_j^k 的目标 i 的最早观测开始时间，即若目标 i 在 $\mathrm{ue}_i^k(j)$ 时刻之后观测，紧接着不能在 VTW_j^k 内观测 j。同理，我们还定义"不可达"最晚时间 ul_i^k。元素 $\mathrm{ul}_i^k(j)$ 表示了若目标 i 在 VTW_i^k 内 $\mathrm{ul}_i^k(j)$ 时刻之前观测，则 i 的直接前驱不可能是 j。在调度求解过程中，任务 j^k 可以在任务 i^k 之后（之前）执行，当且仅当 $t_i < \mathrm{ue}_i^k(j)(t_i > \mathrm{ul}_i^k(j))$。通过这样的处理，在给定任务 i^k 的观测开始时间 t_i 后，能快速确定其可能的后继（前驱）任务集合。

2.2　时间依赖收益型调度问题描述与建模

2.2.1　问题描述

前面提到，由于具备俯仰能力，敏捷光学对地观测卫星可在观测目标的可见时间窗口内任意时刻进行成像。然而，卫星图片的图像质量会受到卫星与地面目标的距离、卫星成像时的观测姿态角度的影响。一般来说，成像时卫星离地面越近、采用的观测角度越小，则成像的图像分辨率越高。如图 2.4 所示，卫星在观测目标正上空最低点（俯仰角为零，一般为可见时间窗中点）时，卫星成像的图像质量最高，而越靠近可见时间窗口两侧，即俯仰角度越大，图片畸变越严重，图像质量越差[1]。对光学卫星来说，图像质量和分辨率直接关系到卫星图片能否应用到后续的目标识别、图像分析中，是影响和评价任务收益和完成度的重要因素。因此，本模型将图像质量因素纳入了目标函数，也就是说，优化目标既需要考虑

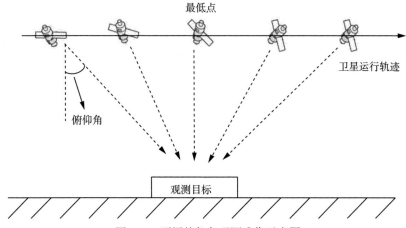

图 2.4　不同俯仰角观测成像示意图

观测目标本身的优先级，也需要考虑如何选择合适的观测角度使拍摄的图片图像质量尽可能优。由于在一个可见时间窗内，不同的俯仰角度对应于不同的观测开始时间，因此实际收益依赖于实际的观测开始时间，该特性被称为"时间依赖收益"。该特性在考虑云层不确定性的卫星调度问题中亦有体现。具体来说，在给定静态云层厚度信息的情况下，可见时间窗内不同时刻点观测目标，所拍摄图像受到云层遮挡的影响不同，或者说观测成功的概率不同，因此期望收益不同。对静态云层不确定性调度的研究，是动态云层不确定性的随机优化或鲁棒优化问题，以及自主卫星在线调度问题的基础。

时间依赖收益型敏捷卫星调度问题，是在时间依赖转换时间型调度问题的基础上，额外考虑任务观测开始时间对实际收益的影响而衍生的新问题。时间依赖转换时间型调度模型是基础问题模型，时间依赖收益型调度模型是扩展问题模型。因此，扩展问题模型的求解算法可采用与基础问题模型相同的框架，但需根据时间依赖收益模型特点，作出相应的适应性调整。

为达到明确模型边界的目的，本书作出了以下假设：

（1）观测目标的时间依赖收益仅受到观测开始时间对应的俯仰角的影响，与侧摆角、偏航角无关。也就是说，同一个目标，在不同的圈次（可见时间窗口）调度，若俯仰角一致，则实际收益一致。

（2）观测目标的最大可能实际收益等于其给定的目标收益，即不考虑时间依赖收益特性时的收益。

2.2.2　问题建模

尽管时间依赖收益型敏捷卫星调度研究具有较为重要的应用需求和价值，但在卫星调度相关研究文献中却鲜少对该特性进行建模。Wolfe 和 Sorensen [26] 在研究数传调度时假设每个数传任务的数传时长取值介于某个区间中，在数传窗口内不同位置进行不同时长的数传活动该任务的收益不同，这与本书中的"时间依赖收益"定义不同。此外，该问题不考虑转换时间，其实质上是一个区间调度问题，而非序列调度问题。因此，现有文献尚不存在时间依赖收益的模型，需要基于现实应用的需要，作出合理的假设。

一个较为合理的描述图像质量的指标是地面分辨率/地面采样距离（ground sample distance，GSD）。它的定义是在像元的可分辨极限条件下，像元所对应的地面空间尺度。文献 [1] 给出了地面分辨率的计算公式：

$$\mathrm{GSD} = \frac{\mathrm{DP} \cdot r}{f \cdot \sqrt{\sin(90° - |\pi|)}} \tag{2.20}$$

其中，DP 代表图像中两个像元之间的对线宽度，f 代表卫星与目标之间的距离，r 代表星上遥感器的角度，$\pi(0° < \pi < 90°)$ 为当前时刻的俯仰角。由此可知，以地面分辨率为指标，既要考虑到观测的俯仰角，也要考虑到卫星的高度、地球曲率、目标所在高度，以及卫星遥感器的能力指标。针对每一种卫星遥感器设备、每一种卫星的实时位置参数来设计收益模型显然过于复杂，通用性不强。此外，本书目的在于能解决各种形式（单调或非单调、单峰或多峰）的时间依赖模型的卫星调度算法，可以适当对图像质量模型作假设简化处理。从公式 (2.20) 可以看出，卫星在目标正上空时，r 最小，π 取零，成像质量最高；远离目标正上空时，r 变大，π 也变大，成像质量降低。我们不妨假设成像质量仅与俯仰角相关，俯仰角绝对值越大，成像质量越差。

除了成像质量因素之外，收益也与决策者对目标重视程度的心理预期有关，目标越重要，收益也应该越大。即使成像质量非常差，但如果目标优先级很高，所获取的图像依然价值很高。结合这两点，我们定义了一个观测收益函数。该函数使观测实际收益既与目标收益（重要程度）相关，也与观测俯仰角相关。给定观测目标 i 的观测开始时间 t_i，其观测实际收益为

$$p_i(t_i) = P_i * \left(1 - \frac{|\pi(t_i)|}{90°} \right) \tag{2.21}$$

其中，$\pi(t_i)$ 为目标 i 在 t_i 时刻观测对应的俯仰角，P_i 为目标 i 的目标收益。根据该计算公式，在俯仰角为零的最低点（可见时间窗中点）观测该目标，能获得最好的图像质量，也就是全部的目标收益；在其可见时间窗边缘，也就是俯仰角绝对值最大时（本书中设卫星最大俯仰角为 45°），只能获得一半的目标收益。由于观测俯仰角在可见时间窗口内非线性单调递减（如图 2.5（a）所示），根据计算公式 (2.21)，观测收益函数 $\frac{p_i(t)}{P_i}$ 呈现非线性、非单调的特点（如图 2.5（b）所示）。

需要明确的一点是，本书所提出的求解算法不局限于该观测收益函数，也能适用于其他类型的离散函数（单调或非单调、单峰或多峰）。在工程实际应用中，可以根据实际使用的卫星遥感器、卫星和地面目标位置参数等更精准地评价图像质量以及观测收益，然后采用本书提出的算法来求解。

与不考虑时间依赖收益相比，考虑时间依赖收益的敏捷卫星调度问题的数学模型仅在目标函数上有所区别。若采用相同的决策变量，则其目标函数为

$$\max \sum_{i \in T} \sum_{k \in O} p_i(t_i) \cdot y_i^k \tag{2.22}$$

注意，此时目标函数不是一个线性函数，由此构造的数学模型是非线性的，无法被通用求解器直接求解。因此，我们提出了基于时间索引变量的整数线性规划模型。首先，考虑到每个可见时间窗的收益函数是以离散（单位：s）形式给出，我们定义了基于时间索引的二元决策变量 $y_{it}(t \in \{\{\mathrm{st}_i^k, \mathrm{st}_i^k + 1, \cdots, \mathrm{et}_i^k - d_i\}, k \in O\})$。$y_{it}^k = 1$ 代表目标 i 被调度到 t 时刻，否则为零。由此，决策变量 t_i 可重写为

$$t_i = \sum_{k \in O} \sum_{t=\mathrm{st}_i^k}^{t=\mathrm{et}_i^k - d_i} t \cdot y_{it}, \; \text{且} \; \sum_{k \in O} \sum_{t=\mathrm{st}_i^k}^{t=\mathrm{et}_i^k - d_i} y_{it} \leqslant 1\text{。观测收益函数 (2.21) 可以表示为}$$

$\sum_{k \in O} \sum_{t=\mathrm{st}_i^k}^{t=\mathrm{et}_i^k - d_i} p_{it} \cdot y_{it}$，其中 $p_{it} = p_i(t)(t \in \{\{\mathrm{st}_i^k, \mathrm{st}_i^k + 1, \cdots, \mathrm{et}_i^k - d_i\}, k \in O\})$。此外，保留了决策变量 x_{ij}^k，表示圈次 k 中目标 j 是否紧接着 i 之后被调度。

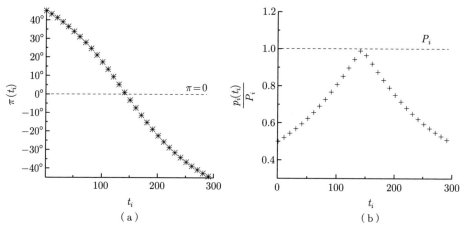

图 2.5   可见时间窗内观测俯仰角和观测收益的变化趋势示意图

（a）观测俯仰角；（b）观测收益

综合以上，基于时间索引决策变量的整数线性规划模型为

$$\max \sum_{i \in T} \sum_{k \in O} \sum_{t=\mathrm{st}_i^k}^{t=\mathrm{et}_i^k - d_i} p_{it} \cdot y_{it} \tag{2.23}$$

s.t.

$$\sum_{k \in O} \sum_{t=\mathrm{st}_i^k}^{t=\mathrm{et}_i^k - d_i} y_{it} \leqslant 1, \; \forall i \in T \tag{2.24}$$

$$\sum_{\substack{j \in T \cup \{e\} \\ j \neq i}} x_{ij}^k = \sum_{\substack{j \in T \cup \{s\} \\ j \neq i}} x_{ji}^k = \sum_{t=\mathrm{st}_i^k}^{t=\mathrm{et}_i^k - d_i} y_{it}, \ \forall i \in T, k \in O \tag{2.25}$$

$$\sum_{j \in T \cup \{e\}} x_{sj}^k = 1, \ \forall k \in O \tag{2.26}$$

$$\sum_{j \in T \cup \{s\}} x_{je}^k = 1, \ \forall k \in O \tag{2.27}$$

$$\sum_{t=\mathrm{st}_i^k}^{t=\mathrm{et}_i^k - d_i} t \cdot y_{it} + d_i + \mathrm{mintrans}_{ij}^k \left(\sum_{t=\mathrm{st}_i^k}^{t=\mathrm{et}_i^k - d_i} t \cdot y_{it} \right) - \sum_{t=\mathrm{st}_j^k}^{t=\mathrm{et}_j^k - d_i} t \cdot y_{jt} \leqslant M(1 - x_{ij}^k),$$

$$\forall i, j \in T, k \in O \tag{2.28}$$

$$\sum_{t=\mathrm{st}_i^k}^{t=\mathrm{et}_i^k - d_i} y_{it} \leqslant b_i^k, \ \forall i \in T, k \in O \tag{2.29}$$

$$x_{ij}^k \in \{0,1\}, y_{it} \in \{0,1\}, \ \forall i, j \in T \cup \{s, e\}\ k \in O \tag{2.30}$$

约束条件 (2.24) ∼ 约束条件 (2.30) 与时间依赖转换时间型调度模型的约束条件 (2.4)∼ 约束条件 (2.11) 含义相同，这里不再一一赘述。值得注意的是，本模型中可见时间窗约束不再显性表达，而是隐性地由决策变量 y_{it} 表达。

在时间依赖转换时间型调度问题模型中，调度任务的观测开始时间只需满足约束 (2.19) 和约束 (2.9) 即可，不直接影响优化目标，而时间依赖收益型调度模型的优化目标则要求确定每一个调度任务的具体观测开始时间，因此模型求解的难度更大。但是，前者模型可视作后者的一种特例，即假设可见时间窗内任意观测时刻对应的收益值均相等的情况。因此我们在设计该模型求解算法时，无论是启发式或精确算法，均采用了与时间依赖转换时间型调度模型同样的基本框架，只是针对时间依赖收益特性做出适应性的设计。

2.3　本章小结

准确描述问题需求，分析问题特点，做出合理假设，建立数学模型，是求解优化问题的基础和前提。本章分别对时间依赖转换时间型敏捷卫星调度问题和时间依赖收益型调度问题进行了问题描述和模型假设，分别建立了基于流变量和基于时间索引变量的整数线性规划模型。对前一个问题，本章主要对转换时间的时间依赖特性做了建模分析，从数学上证明其满足先进先出规则和三角不等式规则，为调度求解算法的设计提供了理论依据。在此基础上提出了"最小转换时间"的概念，以达到降低问题维度和简化计算的目的，并给出了转换时间预处理算法，以减少调度过程中因重复调用转换时间函数所造成的计算资源的浪费。对于时间依赖收益型调度问题，本章讨论了观测姿态角度对卫星图片图像质量的影响，分析了调度问题的时间依赖收益特性，在一定合理假设的前提下，构造了关于观测开始时间的观测收益函数。考虑到目标函数可能出现的非线性，采用了基于时间索引的决策变量，并建立起相应的整数线性规划模型，从而保证模型线性可解。

第3章

基于迭代局部搜索的启发式算法

过去的研究已经证明了敏捷卫星调度问题是一个 NP-hard 问题，因此精确算法难以快速求解大规模算例。在实际工程中，往往只要求算法的高效性和易实现性，而对解的质量没有过多的要求。这种情况下，启发式算法是一个很好的选择。针对时间依赖转换时间型和时间依赖收益型两种调度问题，我们均采用了迭代局部搜索（ILS）算法这一经典的启发式算法框架。ILS 算法是最经典也是最简单的迭代启发式算法，通常仅包含局部搜索算子和扰动算子。算法设计 ILS 算法，可根据特定问题特点制定专门的启发式算子，能有效解决许多复杂的组合优化问题，同时保留其参数少、效率高、易实现、通用性强等特点。

3.1 求解时间依赖转换时间型调度问题

针对时间依赖转换时间型敏捷卫星调度问题，本章提出了一种基于贪婪随机迭代局部搜索（GRILS）的启发式求解算法，该算法是在第 2 章中对转换时间的时间依赖特性建模分析的基础上进行的设计。算法的核心是能快速检查解可行性的插入算子，该算子能有效解决序列调度启发式搜索过程中容易出现的违反可见时间窗约束的情况，算子能准确并快速地判断在任务序列中任意位置插入新任务的可行性，并通过允许序列中已调度任务观测时间前移或推迟，使更多的任务可以被调度。

3.1.1 算法基本框架

贪婪随机迭代局部搜索启发式求解框架是贪婪随机自适应搜索步骤（greedy randomized adaptive search procedure，GRASP）和迭代局部搜索（ILS）的混合算法[63]。其中，ILS 算法是最为经典的元启发式算法之一，已经被成功应用于很多组合优化问题中，具有通用性强、易实现等特点。GRASP 算法也是一种迭代算法，在每次迭代步骤中，在可调参数的基础上重新进行解的构造，并采用局部搜索对该解进行优化。这两种算法的混合版本，也就是 GRILS 算法，已经被用于高效求解带多时间窗的多约束团队定向问题（multi-constraint team orienteering problem with multiple time windows，MC-TOP-MTW）。而 MC-TOP-MTW 与敏捷卫星调度问题具有很多相似性，比如多时间窗约束、选择与调度决策等，本书采用了该启发式算法框架，但是针对我们的问题特点做出了很多改进。

具体来说，一般的 GRILS 算法可分为两层循环：外层循环是设置了"贪婪因子"这一可调参数的值，该参数控制了算法搜索的随机性，用于指导内层循环的算法求解；内层循环，实质上是一个迭代局部搜索的过程，在其一次迭代步内，基于外层设置的参数值，采用 GRASP 算法构建并优化一个解，如果得到的解更优则记录下来，随后采用扰动算子使搜索跳出局部最优。如果在一定连续步数内当前最好解得不到更新，则退出内层 ILS 循环，重新回到外层循环，设置新的参数。而在我们的 GRILS 算法中，为减少计算时间，每次 ILS 循环不会重新构造新的解，而是基于当前最好解，根据新的贪婪因子参数值进行迭代局部搜索。算法的核心是内层的 ILS，包含插入算子和扰动算子，外层循环只是用于调节指引 ILS 搜索方向，使搜索更多样化。

GRILS 算法的基本框架伪代码如算法 3.1所示，流程图如图 3.1所示。在外层循环中，算法控制贪婪因子参数 $Greed(Greed \in (0,1))$ 的值，该参数控制了内层 ILS 算法的随机性。Greed 越大，ILS 的随机性越强。内层的 ILS 由两个算子组成：插入算子 (INSERT( )) 和扰动算子 (SHAKE( ))。每一个 ILS 迭代步内，插入算子依次插入未调度的任务到当前解中，直至无法插入任何未调度目标为止。其中，选择哪些任务插入当前解中，会受到 Greed 参数的影响。扰动算子从当前解中移除一部分的已调度任务，避免搜索陷入局部最优。执行完插入算子后，如果新产生的解比当前最好解更好，则将其记录为新的当前最好解。如果在连续迭代步数 NumofIterNoImp 内，当前最好解都得不到提升，则结束内层 ILS 循环，回到外层循环。外层循环控制随机因子 Greed 从 StartGreed 开始，以 GreedDecrease 作为步长，逐步递减至 (StartGreed—GreedRange)。

算法 3.1　GRILS 算法框架

输入：观测目标集合 T

输出：最佳调度方案 S_b

$S_b \leftarrow \varnothing;//$当前最好解

$S_c \leftarrow \varnothing;//当前解$

$Iteration \leftarrow 0;$

for Greed=StartGreed; Greed>StartGreed−GreedyRange; Greed=Greed−Greed-Decrease **do**

　$S_c \leftarrow S_b;$

　while Iteration < NumofIterNoImp **do**

　　$S_c \leftarrow INSERT(S_c, Greed);$

　　if S_c 比 S_b 更优 **then**

　　　$S_b \leftarrow S_c;$

　　　$Iteration \leftarrow 0;$

　　else

　　　$Iteration \leftarrow Iteration+1;$

　　end if

　　$S_c \leftarrow SHAKE(S_c);$

　end while

end for

返回 $S_b;$

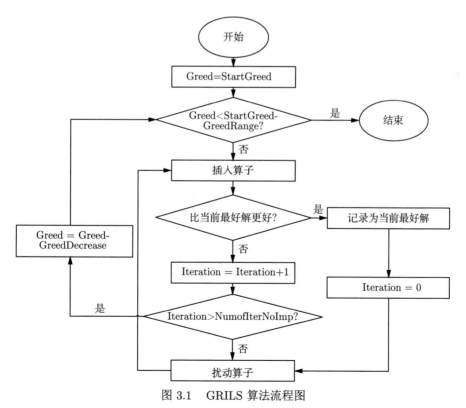

图 3.1　GRILS 算法流程图

3.1.2　插入算子

插入算子是本算法中最为核心的算子，直接用于提高调度总收益，优化当前解。每次调到该算子，算法从未调度目标中选择一个或多个插入当前解中，同时保证每次插入后解的可行性。敏捷卫星调度问题的解是由多个圈次的调度任务序列组成的。若给定某个任务序列，每一对连续观测任务之间必须满足转换时间约束和可见时间窗约束。为方便叙述，统一定义“插入”为将某指定目标插入某圈次任务序列的某指定位置的动作，可由三元组 $(i, \mathrm{Seq}, \mathrm{pos})$ 表示，其中 i 为待插入目标，Seq 为插入的任务序列，pos 表示插入位置。

假设某任务序列中每个任务的观测开始时间已确定，当往该序列的某个位置插入某个新任务时，若无法插入（违反转换时间和可见时间窗约束），则可以通过前移其前置任务或推迟其后继任务的观测开始时间，从而使该插入可行。这种允许序列中已调度任务前移或推迟的插入方式能有效提高搜索的有效性，然而也带来了一个问题：若插入位置相邻的两个任务的观测开始时间改变，与这两个任务相邻的其他任务有可能也需要重新调度，以确保解的可行性。也就是说，算法需要重新检查序列中其他对连续任务之间是否满足约束，并且重新确定其观测开始时间。若其中存在一对连续任务无法通过前移或推迟的调整方式保证解的可行性，则认为该插入不可行。这种“全”可行性检查的方式会造成计算时间的巨大浪费，这是因为算法搜索的过程中会存在大量不可行的插入尝试操作。如何使插入操作具备快速可行性检查能力，减少不必要的插入尝试次数，是插入算子设计的关键问题。

在最近的敏捷卫星调度研究中，Liu 等[22] 提出的自适应大邻域搜索（ALNS）算法采用了一种基于时间松弛量（time slack）的快速插入方法，该方法最早用于求解带时间窗约束的路径优化问题（VRPTW）[64]。在该方法中，序列中每个任务的前向（后向）时间松弛量表示该任务推迟（提前）的最大时间量，而不会影响其直接后继（前驱）任务的执行。通过推迟或前移插入位置相邻的任务，一个新任务可以很容易被插入，并且不会影响解的可行性，而时间松弛量界定了插入位置相邻任务的最大可横移时间量，可看作“局部松弛量”。然而，该方法忽略了很重要的一点，除了插入位置的相邻任务外，序列中其他任务也可以进行时间横移，从而容许更多的未调度任务插入序列中。这种基于序列“全局松弛量”的插入方法已经被应用于 OPTW 的启发式求解算法中[61]。在 OPTW 中，为实现可行性的快速检查，已调度节点序列中的每个节点都计算了一个时间松弛量 Maxshift，该松弛量代表了该节点执行时间能被推迟而不会使序列中后续所有节点违反约束的最大时间量。鉴于敏捷卫星调度问题与 OPTW 的相似性，本算法采用了该插入方法。

但不同之处有：① 本算法不需要确定任务序列中每个任务的具体观测开始时间，而只需确定每个任务的可行观测开始时间范围；② 转换时间的时间依赖特性需要考虑到该快速可行性检查中；③ 插入算子中定义了一个分配步骤 Assignment( ) 用于将重复调度到多个圈次序列的观测目标分配至其中一个圈次上。

图 3.2 的例子展示了插入算子如何在插入新任务时进行快速可行性检查。给定某个调度任务序列 $\text{Seq} = \{(j-1), j, (j+1), (j+2)\}$，对其中每个任务（不妨假设为 j），从前往后计算其最早开始时间 $\text{es}_j = \text{EarliestStartTime}_{(j-1)j}(\text{es}_{(j-1)})$，从后往前其最晚开始时间 $\text{ls}_j = \text{LatestStartTime}_{j(j+1)}(\text{ls}_{(j+1)})$。序列中第一个任务 $(j-1)$ 的最早开始时间设为其可见时间窗的开始时间 $\text{st}_{(j-1)}$，最后一个任务 $(j+2)$ 的最晚开始时间设为其可见时间窗的最晚可行开始时间，即 $(\text{et}_{(j+2)} - d_{(j+2)})$。序列中的任务不需要确定其观测开始时间，因为 $[\text{es}_j, \text{ls}_j]$ 内任一时刻点都是任务 j 的可行观测开始时间。选定序列中任一任务的观测开始时间，可根据简单的回溯法确定其他任务的观测开始时间。

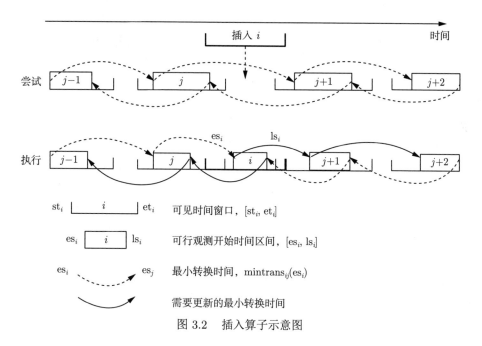

图 3.2　插入算子示意图

当往该序列的任务 j 和 $(j+1)$ 之间插入新任务 i 时，根据 EarliestStartTime$_{ji}(\text{es}_j)$ 计算其最早开始时间 es_i，根据 LatestStartTime$_{i(j+1)}(\text{ls}_{(j+1)})$ 计算其最晚开始时间 ls_i。显然，区间 $[\text{es}_i, \text{ls}_i]$ 定义了任务 i 在该插入位置的观测开始时间取值范围。只有当任务 i 的最早开始时间不晚于其最晚开始时间，即 $\text{es}_i \leqslant \text{ls}_i$

时，任务 i 插入该位置后不会使该序列不可行。若 $es_i > ls_i$，无论如何横移序列中的任务，也无法使该插入可行。这样的插入方式，一方面，避免了通过检查序列中其余任务的约束判断该插入的可行性，而只需检查待插入任务与插入位置相邻任务之间的约束，极大地减少了约束检查的次数；另一方面，由于时间依赖转换时间的存在，对任一对连续任务之间的约束检查都要求重新计算其最小转换时间，因此减少约束检查次数能极大地节省计算时间。另外，算法还可通过预处理阶段计算得到的"不可达"最早时间 ue_j 和最晚时间 $ul_{(j+1)}$ 提前淘汰掉一部分插入尝试。以图 3.2 为例，若 $es_j \geqslant ue_j(i)$ 或 $ls_{(j+1)} \leqslant ul_{(j+1)}(i)$，则不需要计算任务 i 的最早开始时间和最晚开始时间，该插入位置必然不可行。

需要注意的是，这种插入方式只适用于转换时间满足 FIFO 规则和三角不等式规则的情况。若这两种规则不满足，则无法保证 [es, ls] 区间内任一时刻都是可行观测开始时间。每次插入新任务之后，算法需要重新计算序列中插入位置之后所有任务的最早开始时间，以及插入位置之前所有任务的最晚开始时间。

插入算子 INSERT( ) 在尝试插入新任务时，先不考虑约束 (2.4)，即先允许每个目标可以在多个圈次上调度。在执行完插入操作后，当前解中可能存在某个目标对应多个任务，也就是说，该目标出现在多个圈次上的任务序列中。对这些"冲突"的任务，算法定义了一个 Assignment( ) 分配步骤，它可以检测出当前解中所有的"冲突"任务，并根据指定的启发式策略，对每个观测目标，当前解只保留其中一个任务，删除其余任务，并将删除任务对应的可见时间窗"冻结"。被标记"冻结"的时间窗不允许其参与到后续的插入操作中，除非通过扰动算子将其"解冻"。根据一些初步对比实验的结果，算法采用了一种窗口可用性分配策略，往往能取得较好的优化效果。该策略优先将重复调度的观测目标分配给拥有可见时间窗数量更少的圈次。通过这样的分配策略，拥有可见时间窗数量更多的圈次，就有足够的时间资源去容纳更多的未调度任务。采用 Assignment( ) 分配步骤的基本思想在于，不同圈次对任务序列的构造应当相对独立，如果某目标已经被调度在某圈次上，但在另一圈次的序列中又需要插入该目标，算法应当根据不同圈次的资源量 (如可见时间窗数)、已调度任务数等信息选择合适的圈次重新分配。

值得一提的是，基于 Liu 等[22] 的工作提出的求解多星调度问题的算法——基于自适应任务分配的 ALNS（adaptive task assigning based ALNS, A-ALNS）算法也包含了将观测目标按不同启发式规则分配至不同卫星的操作，分配后不同卫星调度的目标集合互不重合。实际上，若不区分卫星，而将所有卫星上的圈次资源看作一颗卫星上的圈次，多星调度问题也能看作单星调度问题，因此本章提出的 GRILS 算法也能求解多星算例。与 A-ALNS 算法的分配操作不同的是，GRILS 算法只关注于目标在不同圈次上的分配，而不是卫星层面的分配，分配粒度更细。此外，Assignemnt( ) 仅对当前解中会出现的被重复调度的目标进行分配，不需要对所有的目标预先分配，因此在算法的任何阶段，观测目标都可以被其任一可见圈次调度，而 A-ALNS 算法中，卫星分配后目标只能被调度到指定卫星的圈次上。

插入算子 INSERT( ) 的伪代码如算法 3.2 所示。首先，对任一圈次 k，对每一个未调度的或未"冻结"的可见时间窗 VTW_i^k，通过快速可行性检查的插入方法，对圈次 k 的任务序列 Seq^k 中每个位置，找出所有可行插入，并存储于列表 L_i^k 中。遍历完所有位置后，从 L_i^k 中选择代价最小的插入并置入圈次 k 的所有可行插入列表 L^k。这里的插入代价指的是在插入前后最小转换时间的变化量。以图 3.2 为例，插入任务 i 的代价为

$$\text{cost}_i = \text{mintrans}_{ij}(\text{es}_j) + \text{mintrans}_{i(j+1)}(\text{es}_i) - \text{mintrans}_{j(j+1)}(\text{es}_j) \tag{3.1}$$

当圈次 k 中所有的未调度或未冻结窗口都遍历过后，从列表 L^k 按待插入任务的收益值从大到小排序，并保留前 $\lfloor(1 - \text{Greed}) \cdot |L^k|\rfloor + 1$ 个插入。从 L^k 中通过轮盘赌策略选出一个插入，并执行到当前解 S_c 的圈次 k 的任务序列中，更新序列中的最早开始时间和最晚开始时间。显然，参数 Greed 通过控制候选插入任务的选择范围来调整插入算子搜索的随机性，Greed 越小，收益小的插入更有可能被选择执行，随机性越强。所有圈次循环一遍后，通过 Assignment( ) 分配步骤，将当前解中被多次调度的目标分配到仅一个圈次上，从而保证当前解的可行性。

算法 3.2 INSERT(S_c, Greed)
输入：当前解 S_c 和贪婪因子 Greed
输出：当前解 S_c
while TRUE **do**
  for 任一圈次 $k \in O$ **do**
    for 对圈次 k 上的任一未调度或未冻结的 VTW_i^k **do**
      设 S_c 中圈次 k 的已调度序列为 Seq^k；
      for 对序列 Seq^k 中任一插入位置 pos **do**
        设 pos 在任务 j^k 和 $(j+1)^k$ 之间；
        if $\text{ue}_j^k(i) > \text{es}_j^k$ 且 $\text{ul}_{(j+1)}^k(i) < \text{ls}_{(j+1)}^k$ **then**
          $\text{es}_i^k \leftarrow \text{EarliestStartTime}_{ji}(\text{es}_j^k)$；
          $\text{ls}_i^k \leftarrow \text{LatestStartTime}_{(j+1)i}(\text{ls}_{j+1}^k)$；

     if $es_i^k <= ls_i^k$ **then**

      将该插入置入列表 L_i^k 保存；

     end if

    end if

   end for

   从列表 L_i^k 选择代价最小的插入并置入圈次 k 的列表 L^k；

  end for

  将列表 L^k 按收益从大到小排序，并删除后 $\lceil |L^k| \rceil - 1$ 个插入；

  根据收益值，通过轮盘赌策略从 L^k 中选择一个插入并在当前解 S_c 中执行；

  更新该插入位置之后 (之前) 的所有任务的最早开始时间 (最晚开始时间)；

 end for

 执行 Assignment(S_c)；

 if 对所有圈次 k, $L^k = \varnothing$ **then**

  返回 S_c, 退出算子；

 end if

end while

3.1.3　扰动算子

  设置扰动算子 SHAKE( ) 的目的在于避免解的搜索陷入局部最优，增加搜索方向的多样性，从而在后续的局部寻优中获得更高质量的解。该算子同样参考了 Vansteewegen 等[61] 关于求解 OPTW 的工作。每次调用该算子，当前解中每个圈次上的任务序列都会被移除一个任务子序列，即移除一个或多个连续任务。该算子的执行依赖于两个整数参数向量 $\boldsymbol{S}_d$ 和 $\boldsymbol{R}_d$。其中，$S_d(k)$ 表示圈次 k 的任务序列中被移除的子序列的起始位置，$R_d(k)$ 表示圈次 k 的任务序列中被移除的子序列的规模。

  在内层 ILS 算法开始时，初始化 $\boldsymbol{S}_d$ 和 $\boldsymbol{R}_d$ 的所有元素为 1。当调用扰动算子时，对每个圈次 k，从其调度序列的位置 $S_d(k)$ 开始删除 $R_d(k)$ 个连续调度任务，若删除时超过末位的任务，则从第一个任务继续删。每次执行完扰动算子，令 $S_d(k) = S_d(k) + R_d(k)$，$R_d(k) = R_d(k) + 1$。如果 $S_d(k)$ 大于圈次 k 的已调度任务数，则令其减去任务数，使其回到序列靠前的位置。如果 $R_d(k)$ 大于任务数的 $1/3$，则令 $R_d(k) = 1$。若当前 ILS 迭代步内，当前解的质量比当前最好解要好，则令 $R_d(k) = 1$。这种动态调整参数 S_d 和 R_d 的任务移除方式，很大程度上使序列中每一个任务都至少被移除一次，使后续的迭代局部搜索更多样化，更全面地搜索整个解空间。这种扰动技巧已经被成功应用于一些经典问题的启发式求解算法中[65]。

3.2 求解时间依赖收益型调度问题

时间依赖收益型敏捷卫星调度问题是在时间依赖转换时间型调度问题基础上，考虑观测目标在其可见时间窗内不同时刻观测所获收益不同的情况。时间依赖收益特性源于敏捷卫星的观测成像质量与其观测姿态角度密切相关，而可见时间窗内不同时刻点对应不同的观测姿态角。针对上述问题特点，本节提出了一种双向动态规划-迭代局部搜索（BDP-ILS）的启发式求解算法。其中，迭代局部搜索（ILS）算法用于构造可行任务序列，与 GRILS 算法思想基本一致。算法的核心是双向动态规划方法，用于优化任务序列的观测开始时间，快速评估其最大实际收益，并为启发式搜索提供指导信息。

3.2.1 求解思路与算法框架

时间依赖收益型调度问题的优化目标与两个方面的因素相关：① 选择和调度哪些观测目标；② 调度任务的观测开始时间。对该问题的求解思路可以分两步走：首先，采用启发式算法选择和调度观测目标，构造多个圈次上的可行任务序列；其次，优化序列中每个任务的观测开始时间，以获得该序列的最大观测收益。这样的求解思路实质上是将复杂的原问题转化为两个相对简单的优化子问题。第一个优化子问题是从一组候选观测目标中选择一部分进行调度，生成任务序列集合，并满足转换时间约束、时间窗约束和目标唯一性约束等，此时可采用本章第一部分所提出的 GRILS 中的内层 ILS 来完成。第二个优化子问题则是，在保证任务序列不变和约束可行的情况下，确定每个任务的观测开始时间，并最大化实际收益，其实质是对任务序列的收益值评估。任务序列的实际收益是指在保证序列中任务及其顺序不变的情况下，通过确定每个任务的观测开始时间，得到整个序列的总收益。对该决策问题的求解是整个时间依赖收益型调度问题的关键，也是算法设计的核心。我们发现了该问题具有最优子结构，可以通过动态规划方法在多项式时间内求解，在下一小节中会详细介绍。

需要注意的是，这两个优化子问题是相互耦合相互影响的。第一个子问题构造出来的任务序列，是第二个子问题的输入，限定了序列中任务观测开始时间的取值范围，决定了第二个子问题的最优值，即最大实际收益；第一个子问题中，每次通过局部搜索算子改变任务序列时，需要使用第二个子问题的优化算法来评估改变前后任务序列的最大观测总收益的差异，才能判断该局部搜索算子对当前解的影响。

综合以上分析，本节提出了一种双向动态规划-迭代局部搜索 (BDP-ILS) 的启发式求解算法，算法框架伪代码如算法 3.3所示。BDP-ILS 算法的基本框架是迭代局部搜索 (ILS)，仅包含插入算子 INSERT-BDP( ) 和扰动算子 Shake( )。其中，扰动算子与时间依赖转换时间型调度（GRILS）算法的扰动算子一致，不同的是，扰动完成后需要采用一种双向动态规划方法来优化当前解中每个任务的观测开始时间，评估当前解的最大观测收益，该评估算子用 FullEvaluation( ) 表示。插入算子 INSERT-BDP( ) 是在 GRILS 算法的插入算子的基础上，通过上述相似的双向动态规划方法评估插入操作对当前解的最大观测收益的影响。但不同的是，算法通过记录序列中每个任务的前向（后向）累积收益函数，实现了对插入操作的快速评估，为了区分，该评估算子记为 FastEvaluation( )。若当前最好解连续 NumofIterNoImp 迭代步都无法得到提升，则算法终止，输出当前最好解。

算法 3.3 BDP-ILS 算法框架

输入：观测目标集合 T
输出：最佳调度方案 S_b
$S_c \leftarrow \varnothing$;//当前解
$S_b \leftarrow \varnothing$;//当前最好解
Iteration $\leftarrow 0$;
while Iteration < NumofIterNoImp **do**
  $S_c \leftarrow$ INSERT-BDP(S_c);
  if S_c 比 S_b 更优 **then**
    $S_b \leftarrow S_c$;
    Iteration $\leftarrow 0$;
  else
    Iteration $\leftarrow$ Iteration $+ 1$;
  end if
  $S_c \leftarrow$ Shake(S_c);
  FullEvaluation(S_c);
end while
返回 S_b;

3.2.2 双向动态规划评估

双向动态规划算法求解的优化子问题是，给定某个任务序列，在不改变序列可行性的情况下，优化并确定每个任务的观测开始时间，使序列的总观测收益值最大化。该问题具有最优子结构，即原问题的最优解包含其子问题的最优解，而子问题具有和原问题类似的性质。此时，可以采用递归的方法自底向上地求得子问题的最优解，进而得到原问题的最优解。

如图 3.3所示，给定某任务序列 $\text{Seq} = \{1, 2, \cdots, \tilde{n}-1, \tilde{n}\}$，序列中每个任务 i 的可行观测开始时间范围 $[\text{es}_i, \text{ls}_i]$ 可通过 3.1.2 节介绍的方法求得。以 T_{step} 为时间步长，将 $[\text{es}_i, \text{ls}_i]$ 离散化为多个节点，分别对应时刻点 $\{t_{i1}, t_{i2}, \cdots, t_{i\tilde{H}}\}$。序列中若两个连续任务 i 和 j，从 t_{ih} 时刻观测 i 后，在 $t_{jh'}$ 时刻观测 j 能满足转换时间约束，则节点 v_{ih} 和 $v_{jh'}$ 之间建边，由此形成的图是有向无环图。求解当前优化子问题相当于在该有向无环图上寻找最长路径，存在多项式算法。首先，对每个观测开始时间 t_i，定义前向累积收益函数 $p_i^f(t_i)$ 和后向累积收益函数 $p_i^b(t_i)$。前向累积收益 $p_i^f(t_i)$ 表示了从序列第一个任务到当前任务 i 时刻 t_i 所能获得的最大累积收益。前向累积收益函数由以下递推公式计算

$$p_i^f(t_i) = \max\{p_i^f(t_j) + p_i(t), \forall\ t_j \text{ s.t. } t_i >= \text{EarliestStartTime}_{ji}(t_j)\} \quad (3.2)$$

其中，t_j 表示任务 i 的直接前驱，这里的 t_j 表示任何能使任务 j 抵达 i，满足转换时间约束的任务 j 的观测开始时间。上述公式揭示了该优化问题的最优子结构：序列 Seq 的最大观测总收益等同于其最后一个任务的前向累积收益函数的最大值，而该累积收益可通过递推公式从前往后计算，计算复杂度为 $O(\tilde{n}\tilde{H})$，其中 $\tilde{n}$ 表示序列的任务数，$\tilde{H}$ 表示可行观测时刻数。

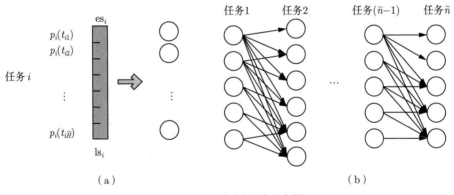

图 3.3　动态规划方法示意图

类似地，后向累积收益 $p_i^b(t_i)$ 表示了在 t_i 时刻观测当前任务 i 之后，能收集到序列的最大累积收益。它的递推公式为

$$p_i^b(t_i) = \max\{p_j^b(t_j) + p_j(t_j), \forall t_j \text{ s.t. } t_i <= \text{LatestStartTime}_{ij}(t_j)\} \quad (3.3)$$

其中，t_j 表示任务 i 的直接后继，这里 t_j 表示观测完 i 后，满足转换时间约束的任务 j 的任何可行观测开始时间。后向递推和前向递推的作用类似，序列的最大观测总收益等于第一个任务的后向累积收益函数的最大值。

特别地，累积收益函数的递推可以利用其单调性质加速。例如，对前向累积收益函数，必然有：

$$\forall t_i < t'_i, p_i(t_i) \geqslant p_i(t'_i) \Rightarrow p_i(t_i) \succ p_i(t'_i) \tag{3.4}$$

$p_i(t_i) \succ p_i(t'_i)$ 表示 $p_i(t_i)$ 占优 $p_i(t'_i)$。根据该单调性质，提出了前向快速递推函数和后向快速递推函数，分别由 ForwardRecursion(i,j) 和 BackwardRecursion(i, j) 表示，算法伪代码如算法 3.4 和算法 3.5 所示。ForwardRecursion(i,j) 的基本思想是，从前一个任务 i 的最早开始时间 es_i 到最晚开始时间 ls_i 依次遍历相应的前向累积收益，用来更新下一个任务 j 的前向累积收益。算法使用 t_{temp} 标记 i 的遍历到当前时刻为止最大前向累积收益对应的观测开始时间，t_{jl} 为其对应于 j 的最早开始时间。若当前遍历的时刻 t_i 的前向累积收益 $p_i^f(t_i)$ 大于 t_{temp} 对应的前向累计收益 $p_i^f(t_{temp})$，设当前时刻对应的 j 的最早开始时间为 t_{ju}，则根据 $p_i^f(t_{temp})$ 来更新 j 在 $[t_{jl}, t_{ju})$ 内所有时刻点的前向累积收益；否则的话，算法跳到下一个 i 的时刻点。若不采用该快速递推方法，则在最坏情况下需要遍历 i 的所有时刻点来更新 j 的所有时刻点，其复杂度为 $O(\tilde{H}^2)$，其中 $\tilde{H}$ 表示任务的平均可行观测时刻数。若采用快速递推方法，对任务 i 和 j 只需遍历一次时刻点，其复杂度为 $O(\tilde{H})$。

算法 3.4 ForwardRecursion(i, j)

输入：前一个任务 i 及其前向累积收益 $p_i(t_i)$，后一个任务 j；

输出：后一个任务 j 的前向累积收益函数 $p_j(t_j)$；

$t_{temp} \leftarrow es_i$

$t_{jl} \leftarrow$ EarliestStartTime$_{ij}(t_{temp})$;

for $t_i = es_i$; $t_i <= ls_i$; $t_i = t_i + 1$ **do**

  if $p_i^f(t_i) >= p_i^f(t_{temp})$ **then**

    $t_{ju} \leftarrow$ EarliestStartTime$_{ij}(t_i)$;

    for j 的任一观测开始时间 $t_j \in [t_{jl}, t_{ju})$ **do**

      $p_j^f(t_j) \leftarrow p_i^f(t_{temp}) + p_j(t_j)$;

      $t_{temp} \leftarrow t_i$;

      $t_{jl} \leftarrow$ EarliestStartTime$_{ij}(t_{temp})$;

    end for

  else

    continue;

  end if

end for

for j 的每个观测开始时间 $t_j \in [t_{jl},$ et$_j - d_j]$ **do**

  $p_j^f(t_j) \leftarrow p_i^f(t_{temp}) + p_j(t_j)$;

end for

算法 3.5　BackwardRecursion(i, j)

输入：前一个任务 i，后一个任务 j 的后向累积收益 $p_j(t_j)$；

输出：前一个任务 i 的后向累积收益函数 $p_i(t_i)$；

$t_{\text{temp}} \leftarrow \text{ls}_j$;

$t_{il} \leftarrow \text{LatestStartTime}_{ij}(t_{\text{temp}})$;

for $t_j = \text{ls}_j; t_j >= \text{es}_j; t_j = t_j - 1$ **do**

　if $p_j^b(t_j) + p_j(t_j) >= p_j^b(t_{\text{temp}}) + p_j(t_{\text{temp}})$ **then**

　　$t_{iu} \leftarrow \text{LatestStartTime}_{ij}(t_j)$;

　　for i 的任一观测开始时间 $t_i \in (t_{iu}, t_{il}]$ **do**

　　　$p_i^b(t_i) \leftarrow p_j^b(t_{\text{temp}}) + p_j(t_{\text{temp}})$;

　　　$t_{\text{temp}} \leftarrow t_j$;

　　　$t_{il} \leftarrow \text{LatestStartTime}_{ij}(t_{\text{temp}})$;

　　end for

　else

　　continue;

　end if

end for

for i 的任一观测开始时间 $t_i \in [\text{st}_i, t_{il}]$ **do**

　$p_i^b(t_i) \leftarrow p_j^b(t_{\text{temp}}) + p_j(t_{\text{temp}})$;

end for

　　算法 3.6 给出了采用双向动态规划评估当前解的最大观测总收益的伪代码。具体来说，对每个圈次 k 的任务序列，从前往后计算每个任务的前向累积收益函数，从后往前计算其后向累积收益函数。通过双向递推后，序列的最大观测总收益等于序列中任一任务的前向累积收益和后向累积收益之和的最大值，而其对应的时刻就是序列总收益取最大值时该任务的观测开始时间。通过简单的回溯法，即可确定序列中其他任务的观测开始时间。

算法 3.6　FullEvaluation(S_c)

输入：当前解 S_c;

输出：当前解的最大实际收益 P_s;

for 对 S_c 任一圈次 k **do**

　不妨设圈次 k 的调度任务序列为 $\text{Seq}^k = \{1, \cdots, \tilde{n}\}$;

　$i \leftarrow 1$;

　while $i\ != \tilde{n}$ **do**

　　ForwardRecursion$(i, (i+1))$;//前向递推

　　$i \leftarrow i + 1$;

end while
while $i\,! = 1$ **do**
    BackwardRecursion$((i-1), i)$;//后向递推
    $i \leftarrow i - 1$;
end while
任选序列中的一个任务 i;
$P_{\mathrm{Seq}^k} \leftarrow \max\limits_{t_i \in [\mathrm{es}_i, \mathrm{ls}_i]} \{p_i^f(t_i) + p_i^b(t_i)\}$;//序列 Seq^k 的最大实际收益
$P_s \leftarrow P_s + P_{\mathrm{Seq}^k}$;
end for
返回 P_s;

BDP-ILS 算法执行完扰动算子后，算法需要对当前解执行一次双向动态规划 FullEvaluation( )，评估扰动后当前解的最大观测总收益。同样，每次执行完插入算子，也需要对当前解进行评估，但需要注意的是，算法每次插入新任务都需要评估这次插入操作带来的收益值影响。若不考虑时间依赖收益，每次插入新任务，得到的收益值变化量等于新任务的收益值，而考虑时间依赖收益时，插入新任务，有可能会影响序列中其他任务的观测开始时间，进而影响整个序列的最大实际收益。如图 3.4 所示，黑色方格代表当前序列最大实际总收益时对应的各个任务的观测开始时间。若插入新的任务，受转换时间约束的影响，其他任务不得不在其他时刻点观测，甚至有可能插入新任务导致整个序列的最大实际总收益减少。因此，每个插入操作都需要对整个序列重新进行评估，来判断该插入对当前解总收益的影响。显然，如此频繁地调用 FullEvaluation( ) 势必会占用大量计算资源，而基于双向递推的动态规划方法能有效避免这种计算时间的浪费。算法 3.7 给出了 FastEvaluation( ) 快速插入评估方法的伪代码。当往某序列中任务 j 和 m 之间插入新任务 i 时，已知 j 和 m 的前向和后向累积收益函数，通过 ForwardRecursion(j, i) 和 BackwardRecursion(i, m) 计算出任务 i 的前向累积收益函数和后向累积收益函数，而 i 的所有可行观测时刻中前向累积收益和后向累积之和的最大值就是插入 i 后，序列的最大实际总收益。这种快速评估方法只需根据插入位置相邻任务进行递推计算，而不需更新其他任务的观测开始时间和累积收益函数，因此可以极大地减少评估解的总收益所需要的计算时间。

算法 3.7　FastEvaluation(i, j, k)
输入：待插入任务 i，前一个任务 j 和后一个任务 m;
输出：插入后序列的最大观测总收益 P_{Seq};
ForwardRecursion(j, i);
BackwardRecursion(i, m);

$$P_{\text{Seq}} \leftarrow \max_{t_i} \{ p_i^f(t_i) + p_i^b(t_i) \};$$

返回 P_{Seq};

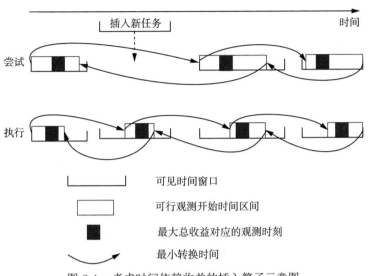

图 3.4　考虑时间依赖收益的插入算子示意图

为了更直观地阐述上述方法，图 3.5 的例子展示了一个由三个任务组成的任务序列。图中，圆圈中的数值代表了对应时刻的观测收益，实线边代表了通过快速递推方法 ForwardRecursion( ) 和 BackwardRecursion( ) 更新累积收益函数必须遍历的边，而虚线边代表了在快速递推过程中可以被忽略的边。当尝试将任务 2 插入任务 1 和任务 3 中间时，由于任务 1 的 t_{12} 时刻对应的收益比 t_{11} 高，任务 2 的 t_{21} 时刻的前向累积收益 $p_2^f(t_{21}) = p_2^f(t_{11}) + p_2(t_{21}) = 1 + 1 = 2$。随后，由于 t_{13} 时刻的收益比 t_{12} 的低，递推过程不需要再访问 t_{13} 对应的节点及其相连的边，而任务 2 的其余时刻的前向累积收益值由 t_{12} 对应的收益来更新。采用类似的方法更新任务 2 的后向累积收益之后，将其各个时刻对应的前向和后向累积收益加和并取最大值，即该序列的最大实际总收益。

插入算子 INSERT-BDP( ) 的基本框架和 3.1.2 节的插入算子 INSERT( ) 一致，这里不再赘述。不同之处在于，INSERT-BDP( ) 每次尝试新插入时，若该插入可行，则通过 FastEvaluation( ) 评估插入前后实际收益的变化量，代替该任务的目标收益，作为最终执行插入的选择依据。若收益变化量为负，则不考虑该插入。如果插入操作完成，在更新完最早开始时间和最晚开始时间之后，需要通过 ForwardRecursion( ) 更新插入位置之后所有任务的前向累积收益函数，通过 BackwardRecursion( ) 更新插入位置之前所有任务的后向累积收益函数。

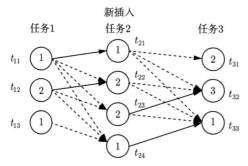

时刻	$p_2^f(t_2)$	$p_2^b(t_2)$	加和
t_{21}	2	3	5
t_{22}	4	3	7
t_{23}	4	1	5
t_{24}	3	1	4

图 3.5   基于双向动态规划的快速评估方法简例示意图

3.3   本章小结

本章针对时间依赖转换时间型敏捷卫星调度问题，提出了基于贪婪随机迭代局部搜索（GRILS）的启发式求解算法。该算法可划分为两层循环。外层循环通过贪婪因子参数控制内层循环迭代局部搜索 (ILS) 的随机性和多样性。内层 ILS 是 GRILS 算法的核心，由插入算子和扰动算子组成。其中，插入算子是核心算子，通过计算全局时间松弛量，允许调度序列中的任务通过时间前移或推迟的方式，来容纳更多的未调度任务插入到序列中，并实现插入操作的快速可行性检查，极大地减少了因可行性检查造成的计算时间浪费。扰动算子采用了动态改变任务移除位置和规模的方式，使算法更好地搜索整个解空间。

本章还针对时间依赖收益型敏捷卫星调度问题，提出了基于双向动态规划–迭代局部搜索（BDP-ILS）的启发式求解算法。该算法沿用了时间依赖转换时间型调度求解算法（GRILS 算法）的内层 ILS 算法框架，来构造和搜索可行任务序列。对给定任务序列的实际收益评估问题，挖掘其最优子结构的特性，在此基础上提出了动态规划评估方法，并优化序列中每个任务的观测开始时间。该方法记录了序列中每一可行观测时刻的累积收益，并通过递推的方式来更新计算累积收益。此外，基于累积收益函数的单调性质，提出了快速递推方法，用于减少累积收益递推所需要的计算时间。

第4章

基于分支定价的精确算法

第 3 章介绍了敏捷卫星调度问题的启发式求解算法，并对算法的求解效果进行了大量的对比实验。启发式算法具有通用性强、易实现、效率高等特点，能满足大部分工程实践的要求。然而，它的缺点也很明显，由于启发式算法具有模型无关性，其求解质量往往得不到理论上保证。换句话说，它既不能保证求得最优解，也不能提供一个与最优解或上界之间的目标值差距，即优化间隙（optimality gap）。而精确算法依赖于具体的数学模型，可通过一系列数学工具如线性规划、动态规划和整数规划等方法，对模型进行最优化求解，从理论上保证了解的最优性。同时，基于精确算法设计出的启发式算法，能兼具精确算法高质量解以及启发式算法高效率的特点。综上所述，设计敏捷卫星调度问题的精确算法，具有很高的理论价值和应用价值。但需要注意的是，针对新问题设计精确算法，往往需要很多数学推导和命题证明，以保证算法的最优性，因此该研究具有较高的挑战性。

4.1 求解时间依赖转换时间型调度问题

针对敏捷卫星调度问题，提出了基于分支定价割平面（BPC）的精确求解算法。分支定价割平面算法是在分支定价（BP）算法的基础上，引入割平面（即一系列不等式）来加速算法的求解。而分支定价，是分支定界算法与列生成算法的结果，即在分支定界树的每个节点上应用列生成算法求解该节点对应的子问题的线性松弛问题。算法首先采用 Dantzig-Wolfe 分解方法，将第 2 章提出的基于"流变量"的整数规划模型重构为一个主问题和多个相同的定价子问题，每个圈次对应一个定价子问题。定价子问题可描述为资源受限的初等最短路问题，采用基于标号扩展的双向动态规划方法求解。由于初等约束带来巨大的求解难度，算法考虑了两种初等约束的松弛方法：递减状态空间松弛和 ng 路径松弛。主问题的线性松弛问题采用了列生成方法求解，在列生成早期使用第 3 章提出的启发式算法加速定价子问题的求解，并引入了拉格朗日上界提早结束列生成。分支定价算法通过搜索分支定界树的方式获得整数可行解，针对敏捷卫星调度问题的特点，本章提出了新的分支策略，并对其有效性加以证明。最后，为加强主问题的线性松弛，减少搜索树的规模，算法引入了 SRI 割平面。由于该割平面是非鲁棒的，引入该类割平面必然会改变子问题的结构，本节给出了修改后的子问题的解法。

4.1.1　基于 Danzig-Wolfe 分解的数学模型

分支定价算法是求解大规模整数规划问题的一类常见算法。该算法是分支定界算法与列生成的结合，即在分支定界搜索数上用列生成求解某个线性规划问题。分支定价的第一步，是通过 Dantzig-Wolfe 分解将原问题模型重构为由一个主问题和多个定价子问题组成的模型。模型重构的原因在于，一方面，重构后的模型的线性松弛界通常会比重构前模型的要更紧，基于该线性松弛解开展的分支搜索相对更容易，更快找到最优整数可行解；另一方面，Dantzig-Wolfe 分解非常适合于约束系数矩阵呈现分块对角结构的线性规划模型，即模型中大部分约束相互独立形成多个子系统，且只存在一小部分耦合约束来连接这些子系统。通过将耦合约束和独立约束分离开，将原本复杂的、规模更大的问题分解成相对容易求解、规模更小的问题求解，有效提高模型的求解效率。

从基于流变量的敏捷卫星调度模型可以看出，除了目标唯一性约束 (2.4) 以外，其他的约束的变量只与其所在圈次的其他变量有关。也就是说，若把每个圈次的调度方案（一个调度任务序列）看作是一个子系统，那么可见时间窗约束、转换时间约束等约束就是独立约束，不同圈次之间相互独立，而目标唯一性约束则是连接不同子系统的耦合约束。

根据上述分解思想建立主问题（master problem, MP）模型，其符号定义如下：

Ω_k：圈次 k 的所有可行单圈调度方案的集合，$k \in O$；

ω：圈次 k 上的一个可行单圈调度方案，$\omega \in \Omega_k, k \in O$；

$\alpha_{i\omega}^k$：取值为 1 表示圈次 k 的第 ω 个调度方案包含目标 i，取值为 0 表示不包含目标 i，$\omega \in \Omega_k, k \in O$；

$\bar{P}_\omega^k$：圈次 k 的第 ω 个调度方案的总收益，$\omega \in \Omega_k, k \in O$；

z_ω^k：二元决策变量，取值为 1 表示圈次 k 选择调度方案 ω，取值为 0 表示不选择该方案，$\omega \in \Omega_k, k \in O$。

MP 模型如下:

$$\max \sum_{k \in O} \sum_{\omega \in \Omega_k} \bar{P}_\omega^k z_\omega^k \tag{4.1}$$

s.t.

$$\sum_{k \in O} \sum_{\omega \in \Omega_k} \alpha_{i\omega}^k z_\omega^k \leqslant 1, \; i \in T \tag{4.2}$$

$$\sum_{\omega \in \Omega_k} z_\omega^k \leqslant 1, \; k \in O \tag{4.3}$$

$$z_\omega^k \in \{0,1\}, \; \forall \, \omega \in \Omega_k, k \in O \tag{4.4}$$

其中,约束 (4.2) 为目标唯一性约束,对应于原模型中的约束 (2.4);约束 (4.3) 表示每个圈次最多只能调度一个单圈调度方案,即一个任务序列;约束 (4.4) 规定了主问题决策变量的取值范围。圈次 k 的第 ω 个方案的总收益也可表示为 $\bar{P}_\omega^k$ 可以表示为 $\sum_{i \in T} P_i \cdot \alpha_{i\omega}^k$。由于约束 (4.2) 的存在,该 MP 模型属于集合配置(set packing)模型。对 MP 的求解,通常是指对其线性松弛模型的求解,由于约束 (4.3),可令 $z_\omega^k \geqslant 0$。

在该模型中,每个圈次的单圈调度方案相当于 MP 模型的一列,即一个可行任务序列,该序列满足转换时间约束和可见时间窗约束。显然,上述模型与原问题模型等价,这是因为任何一个可行的敏捷卫星调度方案都可以表示成多个圈次的单圈调度方案,而 MP 的线性松弛模型,也表示为这些单圈调度方案的线性组合。分支定价算法就是在分支定界搜索树的节点上求解该主问题的线性松弛模型。然而,不幸的是,随着算例规模的增加,每个圈次上的可行调度方案数量呈指数性增长,枚举出每个圈次上的所有可行调度方案变得十分困难,同时列数的增加也会增加线性松弛模型的求解时间。因此,需要采用列生成方法,在给定一些初始列的基础上,迭代求解主问题,逐步生成所需要的列,直至主问题的线性松弛模型求得最优。求解过程中,只包含一部分列的主问题被称为受限主问题(restricted master problem, RMP),而生成列的过程就是对某个圈次求解其单圈调度问题。

对上述主问题模型,定义约束 (4.2) 对应的对偶变量为 μ_i,约束 (4.3) 对应的对偶变量为 σ^k。MP 的线性松弛模型的对偶问题为:

$$\min \sum_{i \in T} \mu_i + \sum_{k \in O} \sigma_k \tag{4.5}$$

s.t.

$$\sum_{i \in T} \alpha_{i\omega}^k \mu_i + \sigma_k \geqslant \bar{P}_\omega^k, \ \omega \in \Omega_k, k \in O \tag{4.6}$$

$$\mu_i \geqslant 0, \forall i \in T, \sigma^k \geqslant 0, \forall k \in O \tag{4.7}$$

由强对偶定理,若所有的单圈调度方案(主问题中的列)都满足约束条件 (4.6),则对偶可行,RMP 求得最优解。具体来说,每次对 RMP 求解后,将 RMP 的对偶变量值 μ_i 和 σ_k 代入定价子问题的求解中,若能找到一个单圈方案违反约束 (4.6),则将其加入 RMP 模型中,重新求解 RMP。如此迭代反复,直至子问题无法再找到违反该约束的方案,则认为 RMP 已解到最优。给定某单圈调度方案,其约束违反量又称为缩减成本(reduced cost)。缩减成本由约束 (4.6) 得到:

$$\mathscr{C}_\omega^k = \bar{P}_\omega^k - \sum_{i \in T} \alpha_{i\omega}^k \mu_i - \sigma_k = \sum_{i \in T} (P_i - \mu_i) \alpha_{i\omega}^k - \sigma_k \tag{4.8}$$

定价子问题的优化目标就是找到缩减成本最大的单圈调度方案。不同圈次上的定价子问题可以分别独立求解,若其缩减成本为正,则作为列加入 RMP;若所有圈次上都无法找到缩减成本为正的调度方案,则列生成算法终止。

定义二元决策变量 $x_{ij\omega}^k$,若取值为 1 代表当前单圈调度方案中,目标 i 和 j 都被调度且 i 是 j 的直接前驱,否则取值为 0。易知,$\alpha_{i\omega} = \sum\limits_{j \neq i, j \in T} x_{ij\omega}^k$。忽略圈次标号 k 和方案序号 ω,定价子问题的模型如下:

$$\max \sum_{i \in T} \sum_{j \neq i, j \in T} x_{ij}(P_i - \mu_i) - \sigma \tag{4.9}$$

s.t.

$$\sum_{\substack{j \in T \cup e \\ j \neq i}} x_{ij} = \sum_{\substack{j \in T \cup s \\ j \neq i}} x_{ji} = 1, \ \forall i \in T \tag{4.10}$$

以及忽略了圈次索引 k 的约束 (2.6)~ 约束 (2.11)。

4.1.2 定价子问题的求解

由上一节给出的子问题模型可以看出,定价子问题可看作是一个资源受限的初等最短路问题(RCESPP),不同的是定价子问题是最大化问题。每次调度一个观测任务,都会单调性地消耗时间,因此时间作为子问题里的资源。初等约束是指生成的调度方案里,不存在重复调度某个任务的情况。RCESPP 由于其问题特点，已经被广泛应用于各种类型的车辆路径优化问题的定价子问题里。然而，它已经被证明是一个强 NP-hard 问题 [41]，不存在多项式时间的高效求解算法，而分支定价算法的求解效率很大程度上依赖于子问题的求解效率，减少子问题的求解难度尤为重要。由于 RCESPP 求解的复杂度主要来源于初等约束，学者们一般会松弛初等约束，并通过缩减松弛、分支等方法逐步生成初等列，达到加速 RCESPP 求解的目的。若初等约束全部松弛，则子问题转化为资源受限的最短路问题（RCSPP），它存在伪多项式时间复杂度的高效算法，也就是基于标号扩展的动态规划算法。RCESPP 的求解采用了相同的动态规划方法，但是需要额外考虑节点访问的资源，其时间复杂度是指数增长的。Righini 和 Salani[44] 提出了双向动态规划算法，来提高算法的求解效率。本节在介绍双向动态规划算法的基础上，应用了两种初等约束松弛方法，分析了不同松弛方法对模型的影响。

值得一提的是，对于非敏卫星的调度问题，其定价子问题也是 RCESPP，但是由于其可见时间窗和观测窗口一致，单圈内所有时间窗口的执行顺序都可预先计算，所以对应的图是一个有向无环图（directed acyclic graph, DAG）。DAG 上的 RCESPP 可以通过动态规划在多项式时间内求解的。

1. 动态规划算法

为方便描述，将可见时间窗看作节点，节点之间如果能通过转换时间抵达并满足时间窗约束，则建立有向弧，最终单圈所有可见时间窗形成一个有向图 $G = (V, A)$，其中 V 表示圈次内所有节点，A 为所有节点间的有向弧集合。一个单圈调度方案相当于起于虚拟初始节点 s，访问多个节点但不重复访问，并且止于虚拟终止节点 e 的路径。路径每访问一个节点 i，获得一个权重 $(P_i - \mu_i)$。

对图 G 中的每个节点 i，定义其前向标号集合 Γ_i^f 和后向标号集合 Γ_i^b。一个前向标号 L^f 表示从初始节点 s 出发的一个子路径，一个后向标号 L^b 表示从终止节点 e 出发的一个子路径。标号关联的节点就是其子路径上最后一个访问的节点。标号可以由四元组 $L = (i, \tau, C, R)$ 表示，其中 i 为标号 L 关联的节点，也是其访问路径中最后一个节点；τ 表示对前向标号来说，是该标号在节点 i 的最早开始时间，对后项标号来说是其最晚开始时间；C 为 L 的权重；R 为标记节点是否已访问的二进制向量。

双向动态规划的思想，就是给虚拟初始节点 s 一个前向标号，给虚拟终止节点 e 一个后向标号，标号通过所定义的前向和后向资源扩展函数（resource extension functions, REFs），逐步从前向和后向分别将标号扩展到其余可达节点上，在新的节点上生成新的标号，并制定扩展终止条件，通过双向标号匹配步骤将前向标号和后向标号拼接起来形成完整的路径，取权重最大的路径作为 RCESPP 的最优解。

在本问题中，REF 定义在每个节点和每种资源上（这里考虑三种资源：时间 τ，权重 C 和节点访问 R），即每次将标号扩展到一个节点，都需要对这三种资源的占用量进行更新。权重可以理解为收益，也可以理解为一种消耗量越大越好的资源。节点访问资源是指，给图 G 中每个节点资源定义一种资源量为 1 的虚拟资源，若访问该节点，则消耗该资源。由此，每个节点上需要考虑的资源种类数为 $|V| + 2$，其中 $|V|$ 为图 G 的节点数。除此之外，REF 还需要考虑各类约束的可行性。例如，在本问题中，扩展至某节点后，若超出其可见时间窗范围，则认为该扩展不可行。

综合以上，以前向扩展为例，给出敏捷卫星调度问题的 REF：设节点 i 的前向标号 $L = (i, \tau, C, R)$，将 L 扩展至节点 j，生成新标号 $L' = (j, \tau', C', R')$，更新资源 τ', C', R' 的方式如下：

权重 在虚拟节点 s 和 e 的权重都设为 0。权重的扩展公式为

$$C' = C + P_j - \mu_j, \quad \forall j \in V \tag{4.11}$$

时间 虚拟节点 s 和 e 的时间窗设为 $[0, H_{\max}]$，其中 $H_{\max}$ 为圈次内所有可见时间窗的结束时间的最大值，并令虚拟节点到其余所有节点的转换时间为 0。初始前向标签的 τ 设为 0，初始后向标签的 τ 设为 $T_{\max}$。前向 L' 的最早开始时间扩展公式为

$$\tau' = \max\{\tau + d_i + \mathrm{mintrans}_{ij}(\tau), \mathrm{st}_j\}, \quad \forall j \in V \tag{4.12}$$

注意，若 $\tau' > \mathrm{et}_j - d_j$，则该扩展不可行。

节点访问 在虚拟节点 s 和 e 上，节点访问资源向量 R 仅在 s 和 e 相应位置上的元素置为 1，其余位置为 0。R' 各元素的扩展公式为

$$R'(k) = \begin{cases} R(k) + 1, & k = j \\ R(k), & k \neq j \end{cases} \tag{4.13}$$

注意，若 $R(j) = 1$，则 L 不能扩展至节点 j。

反向扩展方式与前向扩展方式是对称的，这里不再详细赘述。需要注意的是，对节点 i 的前向标号来说，采用的是时间窗 $[\mathrm{st}_i, \mathrm{et}_i - d_i]$ 来检查可行性，而对其后向标号来说，采用的是时间窗 $[\mathrm{st}_i + d_i, \mathrm{et}_i]$。

除了定义 REF 之外，动态规划算法的核心还有占优准则。扩展的过程，就是将当前标号扩展至所有可达的节点上。显然，随着图中节点数的增加，标号的数量也会指数性地增长。为应对这种情况，算法需要定义占优准则来减少算法需要生成的标号数量，避免枚举所有可行子路径。每次完成扩展生成新的标号，将新标号与当前节点已存在的标号根据占优准则进行占优测试。若新标号被占优，则删除该标号；否则保留新标号至当前节点，并将节点现有标号中被新标号占优的标号全部移除。占优关系需要满足：① 被占优的子路径，由其出发扩展出来的所有路径也能被占优子路径扩展到；② 占优路径消耗的资源量（收益）要比被占优路径要小（大），并且资源消耗量在 REF 中是单调非递减的。若满足上述条件，则能保证算法移除该被占优的标号不会影响最优性。动态规划算法的效率，很大程度上依赖于占优准则的定义。若占优准则过于严格，则原本一些应该尽早被剪枝的劣质路径就会保留下来，并经扩展生成更多的劣质路径，增加了算法的计算时间；若占优准则过于宽松，或松弛其中一部分判断条件，有可能会剪枝掉最优路径，无法保证算法的最优性。

定义 4.1 占优准则。给定节点 i 上的两个前向标号 $L_1 = (i, \tau_1, C_1, R_1)$ 和 $L_2 = (i, \tau_2, C_2, R_2)$。标号 L_1 占优 L_2，当且仅当下列不等式满足，并且至少存在一个不等式严格成立：

$$\begin{cases} \tau_1 \leqslant \tau_2 \\ C_1 \geqslant C_2 \\ R_1 \leqslant R_2 \end{cases} \tag{4.14}$$

需要注意的是，上述占优准则成立的必要条件是 REF 中的三种资源的消耗都是单调非递减的。以时间资源为例，若 L_1 占优 L_2，则由 L_1 扩展出的标号 L_1' 也必须占优由 L_2 扩展出的标号 L_2'（假设 L_1' 和 L_2' 在同一节点上）。若转换时间不满足 FIFO 规则，则 L_1' 的 τ_1' 不一定小于或等于 L_2' 的 τ_2'，L_1' 不能占优 L_2'，上述占优准则不成立。由此看出，第 2 章中对转换时间满足 FIFO 规则的证明对该算法的应用尤为重要。

占优准则中，影响算法执行效率最大的是第三个条件：节点访问资源条件。随着图 G 的节点数的增加，该条件的维数增多，算法很难通过占优测试识别并剪枝掉那些劣质的子路径，由此会导致图中的标号数量大幅增加。为了提高算法效率，需要考虑在不影响算法最优性的情况下适当放宽占优准则中的判断条件。Feillet 等[43] 提出采用"不可达"节点集合来替代已访问节点集合。对某标号来说，节点"不可达"指的是该节点因为已被当前标号访问过或者因资源限制而无法访问。

也就是说，如果某节点因为资源限制无法被当前标号访问，则可将其视为已访问节点，相应的节点访问资源置为 1。对本问题来说，每次生成新的前向标号，检查当前标号在给定最早时间 τ 时，无法满足可见时间窗约束的情况下抵达的未访问节点集合。设 U 为标记当前标号因资源限制对未访问节点可达性的二进制向量。当 $U(k) = 1$ 时，代表当前标号未访问节点 k，但因时间资源限制无法到达 k，否则为 0。给定节点 i 上的两个前向标号 $L_1 = (i, \tau_1, C_1, R_1)$ 和 $L_2 = (i, \tau_2, C_2, R_2)$，以及这两个标号相应的 U_1 和 U_2，占优准则 (4.14) 中的条件

$$R_1 \leqslant R_2 \tag{4.15}$$

可以由下列条件代替：

$$R_1 + U_1 \leqslant R_2 + U_2 \tag{4.16}$$

若满足 $R_1 \leqslant R_2$，则必有 $U_1 \leqslant U_2$，可知修改后的条件相对之前的条件更弱，因此允许更多的劣质路径被剪枝。用不可达节点资源代替节点访问资源，使得占优测试能删除更多的劣质标号，从而减少计算时间。需要注意的是，该改进措施实施的前提是，资源的消耗量非负，且相对资源来说，节点之间的可达性必须满足三角不等式规则。这是因为，若某节点在某种资源上，相对于当前标号来说不可达，那么该标号通过扩展至其他路径也会因为资源限制不能抵达该节点。第 2 章已经证明了在给定转换时间计算公式和参数的情况下，转换时间满足三角不等式规则。在实现占优测试时，还可以通过统计标号的不可达节点数量来加速占优测试。记不可达节点数为 $q = \sum_{k=1}^{|V|} (R(k) + U(k))$。设 L_1 的不可达节点数 q_1，L_2 的不可达节点数为 q_2，若 $q_1 > q_2$，L_1 不可能占优 L_2。

　　单向动态规划是从起始节点 s 出发，根据上述标号扩展方法和占优准则，逐步扩展至终止节点 e，从节点 e 的所有标号中找出权重最大的路径作为 RCESPP 的最优路径。每次对当前标号进行扩展，都需要考虑当前节点的所有可达后继节点。随着扩展步数，也就是扩展路径节点数的增加，由起始节点出发扩展得到的路径数量也会指数性增加。因此，一般来说，生成两个子路径所需要的标号数会比生成一个完整路径所需要的标号数要小，这就是双向动态规划对比单向动态规划的优势。但需要注意的是，一方面，前向和后向扩展的终止条件应尽量设置在最优路径的"中点"，以尽量减少所需生成的标号数，这里的"中点"可以相对于某种资源的消耗量，也可以相对于已访问节点（或弧）的数量；另一方面，终止条件需保证在终止一个方向上的路径扩展时，该路径的其余部分在另一方向上扩展也必然能得到，否则的话，无法保证算法求得最优路径。本算法中，设置前向

扩展的终止条件是 $\tau_f \geqslant \dfrac{H_{\max}}{2}$，其中 τ_f 为前向扩展标号的最早时间。后向扩展的终止条件是 $\tau_b < \dfrac{H_{\max}}{2}$。当圈次内可见时间窗分布较为均匀时，此终止条件能使前向扩展和后向扩展的标号数接近。

算法 4.1 和算法 4.2 分别给出了前向扩展和后向扩展的伪代码。伪代码中各符号含义如下：Γ_i^f 和 Γ_i^b 代表了节点 i 的前向和后向标号集；E 为待检查的节点集合；$\text{Extend}^f(\Gamma, j)$ 和 $\text{Extend}^b(\Gamma, j)$ 分别表示从前向和后向采用 REF 扩展并生成新标号；$\text{DomTest}^f(\Gamma, L)$ 和 $\text{DomTest}^b(\Gamma, L)$ 分别代表应用占优测试的情况下，将标号 L 插入当前节点的前向和后向标号集合；$\text{Feasible}^f(L^f, j)$ 和 $\text{Feasible}^b(L^b, j)$ 分别表示将前向标号 L^f 和后向标号 L^b 扩展至节点 j 前检查该扩展的可行性，必须考虑时间和节点访问资源限制，以及扩展的终止条件。

算法 4.1 DPForward( )

输入：节点集合 V；

$\Gamma_s^f \leftarrow \{(s, 0, 0, R^\ominus)\}$

for all $i \in V \setminus \{s\}$ **do**

    $\Gamma_i^f \leftarrow \varnothing$；

end for

$E \leftarrow \{s\}$；

repeat

  Select $i \in E$；

  for all $L_i^f = (i, \tau_i, C_i, R_i^\ominus) \in \Gamma_i^f$ **do**

    for all $j \in V$ 并满足 $\text{Feasible}^f(L_i^f, j)$ **do**

      $L_j^f \leftarrow \text{Extend}^f(L_i^f, j)$；

      $\Gamma_j^f \leftarrow \text{DomTest}^f(\Gamma_j^f, L_j^f)$；

      if L_j^f 保留到 Γ_j^f **then**

        $E \leftarrow E \cup \{j\}$；

      end if

    end for

  end for

  $E \leftarrow E \setminus \{i\}$；

until $E = \varnothing$

算法 4.2 DPBackward( )

输入：节点集合 V；

$\Gamma_e^b \leftarrow \{(e, H_{\max}, 0, R^\ominus)\}$

for all $i \in V \setminus \{e\}$ **do**

  $\Gamma_i^b \leftarrow \varnothing$；

```
end for
E ← {e};
repeat
  Select i ∈ E;
  for all L_i^b = (i, τ_i, C_i, R_i^Θ) ∈ Γ_i^b do
    for all k ∈ V 并满足 Feasible^b(L_i^b, k) do
      L_k^b ← Extend^b(L_i^b, k);
      Γ_k^b ← DomTest^b(Γ_k^b, L_k^b);
      if L_k^b 保留到 Γ_k^b then
        E ← E ∪ {k};
      end if
    end for
  end for
  E ← E \ {i};
until E = ∅
```

双向标号匹配，是双向动态规划算法最后的步骤。前向扩展和后向扩展完成后，对图中每一个节点，尝试将节点内任意一对前向标号和后向标号进行匹配，达成匹配条件后拼接其子路径形成完整路径。给定节点 i 上的前向标号 $L^f = (i, \tau_f, C^f, R_f)$ 和后向标号 $L^b = (i, \tau_b, C^b, R_b)$，这两个标号匹配成功需要满足以下条件：

$$\begin{cases} R_f(k) + R_b(k) \leqslant 1, & \forall\, k \in V \\ \tau_f + d_i \leqslant \tau_b \end{cases} \tag{4.17}$$

匹配成功后，设由 L^f 和 L^b 路径拼接成的完整路径为 l，其权重为 $C(l) = C^f + C^b - P_i + \mu_i$，所有完整路径的集合为 $\mathscr{L}$。最优路径为 $\mathscr{L}$ 中权重最大的路径（记为 l_{opt}），也是当前定价子问题的最优解，其缩减成本为 $\mathscr{C}(l_{opt}) = C_{opt} - \sigma$，其中 C_{opt} 为最优路径的权重，σ 为当前圈次对应约束 (4.3) 的对偶变量值。若最优路径的缩减成本大于 0，则将其作为列加入 RMP 中，其路径收益 $\bar{P}$ 为路径中所有节点的收益之和。算法 4.3 展示了双向标号匹配的伪代码，其中 MatchFeasible(L_i^f, L_i^b) 验证 L_i^f 和 L_i^b 是否满足匹配条件，Matching(L_i^f, L_i^b) 表示将 L_i^f 和 L_i^b 代表的子路径拼接形成完整的路径。

算法 4.3   MatchProcedure( )

输入：节点集合 V，各节点 i 的前向标号 Γ_i^f 和后向标号 Γ_i^b；

输出：完整路径集合 $\mathscr{L}$；

$\mathscr{L} \leftarrow \varnothing$;

for all $i \in V$ **do**

```
for all L_i^f ∈ Γ_i^f do
    for all L_i^b ∈ Γ_i^b do
        if MatchFeasible(L_i^f, L_i^b) then
            l ← Matching(L_i^f, L_i^b);
            𝓛 ← 𝓛 ∪ {l};
        end if
    end for
end for
end for
返回 𝓛;
```

2. 递减状态空间松弛

上一小节提到，为求解 RCESPP，双向动态规划算法必须要考虑每个节点的节点访问资源，该资源的维度等于节点总数。如果忽略掉节点访问资源，双向动态规划算法求解得到的最优路径是该图的 RCSPP 的解，也就是不保证初等约束的权重最大的路径。节点访问资源的存在，虽然保证了初等条件，但也使占优测试只能剪枝很少一部分的被占优标号。Kohl[66] 提出可将双向动态规划的状态空间松弛，即只给一部分节点定义节点访问资源，也有可能得到权重最大的初等路径。在此基础上，Righini 和 Salani[46] 提出了一种递减状态空间松弛（DSSR）方法，通过迭代的方式逐步递减双向动态规划的状态空间以求得 RCESPP 的最优解。Boland 等[45] 独立地提出了相似的方法，并取名为状态空间扩张算法（state space augmenting algorithm，SSAA）。

Christofides 等[67] 最早提出了状态空间松弛（state space relaxation, SSR）的概念。动态规划算法搜索的状态空间可以通过 SSR 方法投影到一个维度相对更少的空间，并使原空间中的目标值最优的状态仍保留在投影后的空间中。但是 SSR 方法的缺点在于，原空间中不可行解对应的状态在低维度空间的投影有可能是可行的。因此，在低维空间上的搜索虽然能简化问题复杂度，但不能保证能找到原空间的最优可行解，而只能提供一个上界（对最大化问题来说）。

在本问题中，通过 SSR 方法将节点访问资源 S 由已访问节点数量 $q = \sum\limits_{k \in V} S(k)$ 替代。占优准则 (4.14) 中将节点访问资源判断条件替换成：

$$q_1 \leqslant q_2 \tag{4.18}$$

通过这种方式，动态规划算法忽略了已访问节点的信息，相当于求解了 RCESPP 的一个松弛问题。此时，求得的最优路径如果存在子回路，则必然不是原问题的最优解，但提供了一个上界；如果不存在子回路，则必然是原问题的最优解。DSSR方法正是阐述了这样的思想：首先将节点访问资源 R 对应的状态空间松弛后，对松弛后的问题进行求解，然后根据求解结果逐步缩紧松弛量继续求解，直到动态规划算法求得的最优路径是初等路径为止。

具体来说，定义 Θ 为关键节点集合，只有集合内的节点才考虑初等约束，不允许重复访问。Θ 的节点数等同于节点访问资源向量 R 的维度。将 Θ 初始化为空集，即允许所有的节点都可重复访问，此时动态规划求解的相当于 RCSPP，也是原问题 RCESPP 的松弛问题。如果该松弛问题的最优解对应的是一个初等路径，则它也是原问题的最优解；否则，从求得的最优路径中找出重复访问的节点，根据一定策略将一部分或全部的重复访问的节点插入关键节点集合 Θ 中，重新运行动态规划求解，如此反复迭代直至得到初等的最优路径。在标号扩展可行性和占优准则判断条件中，节点访问资源 R 只需要考虑关键节点。

对关键节点集合 Θ 以外的节点松弛掉初等约束，可以降低问题维度，减少算法的计算时间。Boland 等[45] 给出了给定关键节点集合规模 $|\Theta|$ 的情况下，最坏情况下动态规划的复杂度为 $|A| \prod_{r=1}^{\tilde{R}} (W_r + 1) 2^{|\Theta|}$，其中 $|A|$ 为图的弧数，$\tilde{R}$ 代表资源种类数，W_r 代表了第 r 中资源的总量限制。当 $|\Theta| = 0$ 时，对应的 RCSPP 的复杂度是伪多项式的，依赖于弧数和资源总量。随着 $|\Theta|$ 的增大，问题复杂度呈指数递增。因此，尽管对很多算例来说，DSSR 方法往往在 Θ 规模很小时就能求出最优可行解，但对于较为复杂的算例，DSSR 方法可能需要迭代很多步才能得到最优可行解，有可能比不使用 DSSR 方法花费的时间要长。

DSSR 方法还需要考虑关键节点集合的插入策略和初始化。Boland 等[45] 提出了多种关键节点的插入策略，并认为每次 DSSR 迭代插入一个重复访问次数最多的节点的策略表现最好。Righini 和 Salani[68] 针对 OPTW 算例的实验证明，这几种插入策略中不存在绝对占优的策略。显然，插入策略的选择依赖于具体的问题和算例。卫星调度算例的初步实验结果表明，采用每次 DSSR 迭代插入所有重复访问的节点的插入策略（MOALL）最为有效。此外，关键节点集合的初始化有可能减少 DSSR 方法的迭代步数和计算时间，但其重点在于识别出"必要"的潜在关键节点。如果初始化时将"不必要"的节点加入关键节点集合，反而会增加算法的复杂度。Righini 和 Salani[68] 基于 OPTW 中节点的权重和位置关系，提出了一些关键节点集合的初始化启发式方法。但对卫星算例来说，这些启发式方法表现得并不好，这很有可能是卫星算例的一些特殊性质（如高度重叠的时间窗、转换时间的时间依赖特性）所导致的。因此，本算法不采用任何关键节点集合的初始化方法。

算法 4.4 给出了基于 DSSR 的双向动态规划（bidirectional dynamic programming based DSSR, BDP-DSSR）算法求解定价子问题的伪代码。算法包含了一层 DSSR 循环，首先，将关键节点集合 Θ 初始化为空集，根据 Θ 来更新当前 DSSR 迭代步的节点访问资源 R，并依次执行前向扩展、后向扩展和双向标号匹配，随后找出当前迭代的最优路径 l_{opt}。通过 FindMultiVisit() 步骤找出 l_{opt} 的所有重复访问节点并插入重复节点集合 Ψ 中（MOALL 策略）。若 Ψ 为空集，则退出循环，当前最优路径为初等路径；否则，继续下一个 DSSR 迭代过程。

算法 4.4 BDP-DSSR( )

输入：某圈次的图 G;

输出：最优路径 l_{opt};

$\Theta \leftarrow \varnothing, \Psi \leftarrow \varnothing$; //$\Psi$ 为重复节点集合

repeat

$\Theta \leftarrow \Theta \cup \Psi$;

$\Psi \leftarrow \varnothing$;

根据 Θ 更新节点访问资源 R;

$\bar{\Gamma}^f \leftarrow$ DPForward( );

$\bar{\Gamma}^b \leftarrow$ DPBackward( );

$\mathscr{L} \leftarrow$ MatchProcedure($\bar{\Gamma}^f, \bar{\Gamma}^b$);

$l_{\text{opt}} \leftarrow \arg\min\limits_{l \in \mathscr{L}}\{C(l)\}$;

$\Psi \leftarrow$ FindMultiVisit(l_{opt});

until $\Psi = \varnothing$

返回 l_{opt};

算法 4.5 给出了基于 BDP-DSSR 的列生成算法（column generation based BDP-DSSR，CG-DSSR）求解定价子问题的伪代码。首先，采用 4.1.2 节介绍的初始化方法生成初始列并加入 RMP 模型中。在列生成循环中，使用商业求解器 CPLEX 对 RMP 的线性松弛模型进行求解，得到当前 RMP 对应的对偶变量。随后，将对偶变量代入各圈次的定价子问题求解中，通过 BDP-DSSR 求得缩减成本为正的列的集合。如果该集合为空，则代表 RMP 已求得最优，算法退出；否则，将集合中的列加入 RMP 中，进入下一列生成循环，重新求解 RMP。

算法 4.5 CG-DSSR( )

输入：分支树某节点的缩减主问题 RMP;

输出：最优线性松弛解 Z_{LP} 和最优方案 Sol_{LP};

$\Theta \leftarrow \varnothing$;

$\mathscr{L} \leftarrow$ InitializeRMP( );//初始化 RMP

```
repeat
  for all l ∈ 𝓛 do
    添加列 l 进 RMP;
  end for
  CPLEX 求解当前 RMP，记目标值为 Z_RMP，方案为 Sol_RMP;
  得到当前 RMP 的对偶变量 μ_i(i ∈ T) 和 σ_k(k ∈ O);
  for all k ∈ O do
    𝓛_k ← BDP-DSSR( );//输出缩减成本为正的路径集合
    𝓛 ← 𝓛 ∪ 𝓛_k;
  end for
until 𝓛 = ∅
返回 Z_LP ← Z_RMP，Sol_LP ← Sol_RMP;
```

将 BDP-DSSR 算法应用到列生成算法时，还有一些加速算法求解的技巧：
① 如果在某 DSSR 迭代中，最优路径的缩减成本非正，即使该最优路径不是初等路径，也不必再继续 DSSR 循环，此时定价子问题找不到缩减成本为正的可行方案。这是因为每个 DSSR 迭代步求解的都是 RCESPP 原问题的松弛问题，当前步的解是原问题解的一个上界。② 如果算法在当前迭代找到了缩减成本为正的初等路径，就可退出 DSSR 循环将目前能找到的所有缩减成本为正的初等路径作为一组列加入 RMP，不需要将子问题求到最优。③ 每次列生成迭代求解定价子问题，将关键节点集合 Θ 初始化为上一个列生成迭代时的关键节点集合，往往能更快求得初等路径[69]。

3. ng 路径松弛

ng 路径松弛（ng-path relaxation），是求解 RCESPP 的另一种初等约束的松弛方法，最早由 Baldacci 等[47] 提出，并成功应用于 CVRP 和 CVRPTW 的求解。目前关于 VRP 这类问题的最优求解算法——分支定价割平面算法，其定价子问题求解基本都用到了 ng 路径松弛技术[55]。

对每一个节点 $i ∈ V$ 定义一个邻域节点集合 $N_i ⊆ V$（对 VRP 来说，N_i 一般指离节点 i 最近的节点集合）。N_i 包含了节点 i 自身，以及另外 $|N_i| - 1$ 个节点。对动态规划算法来说，N_i 的含义是指访问当前节点 i 时当前路径所能"记住"的节点集合，而对 V 中除 N_i 以外的节点，当前路径不"关心"其是否已访问。具体来说，对每一个路径 l，定义 $Π(l)$ 为路径 l 能"记忆"的已访问节点集合。若节点 i 属于 $Π(l)$，路径 l 不能扩展至节点 i 上。若节点 i 不属于 $Π(l)$，l 可以扩展至节点 i 上，并且更新 $Π(l)$ 使其"忘记"那些节点 i 无法"记住"的节点，即不属于 N_i 的节点。也就是说，这些被忘记但实际上已经被 l 访问过的节点，有

可能在之后的扩展中再次被 l 访问，从而形成子回路。给定 N_i，动态规划求解的是 RCESPP 的一个松弛问题，称为 ng-RCSPP，求得的路径称为 ng 路径。显然，N_i 的规模，决定了初等约束的松弛程度。若对于每一个节点 $i \in V$，$N_i = V$，相当于求解的是无任何松弛的 RCESPP；若 $N_i = i$，相当于求解 RCSPP。N_i 越大，动态规划求解得到的路径，子回路出现的可能性更小，路径的"质量"更高，但同时，求解复杂度也更大。下面给出 ng 路径松弛的数学表达式：

设 $l = (s, i_1, \cdots, i_l)$ 为从初始节点 s 出发，访问若干节点后，终止于节点 i_l 的路径。$\mathscr{R}(l)$ 为路径 l 已访问的节点集合。路径 l 的集合 $\Pi(l)$ 可由如下式子表达：

$$\Pi(l) = \{i_k \in \mathscr{R}(l) \setminus \{i_l\} : i_k \in \cap_{m=k+1}^{l} N_{i_m}\} \cup \{i_l\} \tag{4.19}$$

只有当 $i_{p+1} \notin \Pi(l)$，节点 i_{p+1} 才可以被路径 l 扩展。若 i_{p+1} 能被 l 扩展，新生成的路径 $l' = (s, i_1, \cdots, i_p, i_{p+1})$ 的 $\Pi(l')$ 更新方式如下：

$$\Pi(l') = (\Pi(l) \cap N_{i_{p+1}}) \cup \{i_{p+1}\} \tag{4.20}$$

占优准则 (4.14) 中节点访问资源的判断条件由下列条件替代：

$$\Pi_1 \subseteq \Pi_2 \tag{4.21}$$

对于上一个访问节点为 $i \in V$ 的路径 l，其 Π 的基数只可能小于或等于 $|N_i|$，因此上述占有准则判断条件比原判断条件要弱，占优测试允许更多更多的被占优路径被剪枝，减少了计算时间，但同时路径可能存在子回路。理论上来说，如果 $|N_i|$ 不等于 $|V|$，不能保证动态规划求解的最优路径为初等路径。然而，Baldacci 等[47]通过实验发现，对大多数规模为 100 的 VRP 测试算例，N_i 设置为 10~15 个就足够生成初等最优路径。与节点访问资源 R 类似，节点"不可达"的概念也可以考虑到 Π 中，即扩展至节点 i 时，从 N_i 中检测是否存在不可达节点，若存在则将其加入 Π 中。根据上述扩展方式，ng 路径满足下列命题[48]：

命题 4.1 如果一条 ng 路径 $l = (s, i_1, \cdots, i_r, \cdots, i_{k-1}, i_k)$ 不能包含子回路 $D = (i_r, \cdots, i_{k-1}, i_k = i_r)$，则对于每个 $m = r + 1, \cdots, k + 1$，都有 $i_r \in N_{i_m}$。

根据上述命题，如果 ng 路径 l 中包含子回路 $D = (i_r, \cdots, i_{k-1}, i_k = i_r)$，其子回路的第一个节点也是最后一个节点为 i_r，子回路 D 内的节点集合中至少有一个节点的领域节点集合不包含 i_r。若令 D 内的所有节点的邻域节点集合都包含 i_r，则再次调用动态规划求解必然无法得到 ng 路径 l。

基于上述命题，Roberti 和 Mingozzi[48]提出动态的 ng 路径松弛方法。该方法与 DSSR 迭代求解的思想类似，算法初始给定每个节点 i 一个规模较小（设为

$\eta_{\min}$) 的 N_i，通过动态规划求解得到缩减成本为正的 ng 路径，将其加入 RMP 中求解，若 RMP 的线性松弛解是分数解，则从分数解基变量对应的列（路径）中，找出包含有子回路的路径，将重复访问的节点加入子回路中的节点的邻域节点集合中，重新求解定价子问题，如此循环直至分数解中不再包含带子回路的路径，此时 RMP 已求得最优，或 N_i 规模达到其上限 $\eta_{\max}$。需要注意的是，由于加入 RMP 的列（ng 路径）可能存在子回路，RMP 模型中表示每一列的节点访问次数的参数 $\alpha_{i\omega}^k$ 的取值范围从 {0,1} 松弛为非负整数 $\mathbb{N}$。RMP 经过松弛之后，随着 N_i 规模的增大，RMP 的分数解对应的路径中包含的子回路越来越少，RMP 的线性松弛上界也越来越紧凑。通过这种方法，可以尽量以更小规模的 N_i 来完成列生成的求解，并且减少因添加额外的、不必要的邻域节点而造成的计算时间浪费。

动态 ng 路径松弛和 DSSR 松弛之间存在一定的联系。对于 RCESPP，ng 路径松弛后动态规划求解可以得到包含子回路的 ng 路径，DSSR 循环中插入关键节点的步骤，相当于把 ng 路径中所有重复的节点插入所有节点的邻域节点集合中，也就是说，对任意节点 i，禁止最后访问节点为 i 的所有路径重复访问任何关键节点。而对动态 ng 路径松弛来说，只是将 ng 路径中重复访问节点插入其子回路中其余节点的邻域节点集合中。因此，DSSR 可以看作动态 ng 松弛的一个特例，动态 ng 松弛则是 DSSR 的泛化。需要说明的是，若单纯只求解 RCESPP 这一定价子问题，即找到权重最大的初等路径，相比 BDP-DSSR，基于动态 ng 松弛的双向动态规划往往需要更多的迭代才能找到初等最优路径，因此花费时间更长。但若将其融入到列生成算法中，每次定价子问题只需要找到缩减成本为正的 ng 路径，根据分数解相应路径的子回路来更新 N_i，列生成的计算效率会得到极大的提高。

初始化 N_i，能有效减少基于动态 ng 路径松弛的双向动态规划求解时间。与 VRP 不同的是，本问题中邻域节点集合 N_i 既要考虑到节点之间的"距离"（转换时间），又要考虑节点的收益大小。特别地，同一圈次内任意两个可见时间窗口之间的实际转换时间依赖于具体的观测开始时间，没有固定的"距离"参数。即使以平均转换时间来衡量，任意两个时间窗口之间的平均转换时间也相差不大，无法准确地区分节点之间的邻域关系。对此，我们定义了"子回路收益"来衡量两个节点之间的邻域关系。设 $\widehat{P}_{ij}$ 表示节点 i 和节点 j 之间形成子回路的总收益。其计算步骤如下：

Step 1　初始化 $\widehat{P}_{ij} = (P_i - \mu_i)$，$t_i = \mathrm{st}_i$，从节点 i 的时间 t_i 出发，若满足转换时间约束，则经过最小转换时间后在 $t_j = \mathrm{EarliestStartTime}_{ij}(t_i)$ 抵达节点 j，令 $\widehat{P}_{ij} + = (P_j - \mu_j)$；否则退出计算。

Step 2　从节点 j 的时刻 t_j 出发，若满足转换时间约束，经过最小转换时间后在 $t_i = \text{EarliestStartTime}_{ji}(t_j)$ 抵达节点 i，令 $\widehat{P}_{ij} += (P_i - \mu_i)$，返回 Step 1；否则退出计算。

根据上述计算方法可知，两个时间窗口之间所需的转换时间越小，两节点的收益和越大，$\widehat{P}_{ij}$ 的值越大，节点 j 越应该出现在 i 的邻域里。注意，$\widehat{P}_{ij} \neq \widehat{P}_{ji}$。对节点 i 来说，计算同一圈次内其他节点 j 的"子回路收益" $\widehat{P}_{ij}$，并选择前 $\eta_{\min} - 1$ 个节点加入 i 的邻域节点集合 N_i 中，同时也需将自身 i 加入 N_i。

算法 4.6 给出了基于 ng 路径松弛技术的列生成（CG-NG）算法框架伪代码。首先，对每个节点 i 的邻域节点集合 N_i，初始化 RMP。算法进入两层循环：在内层循环里，对 RMP 进行求解，更新对偶变量，找到 RMP 解对应的路径中重复访问的节点的集合 Ψ，添加 Ψ 中的节点进相应子回路的节点的邻域节点集合，求解 ng-RCSPP 的定价子问题。若得到缩减成本为正的路径，记为 $\mathscr{L}$，将其作为列加入 RMP，进入下一循环，否则跳出至外循环。在外循环中，若 Ψ 不为空集，进入内循环，更新 N_i；若 Ψ 为空集，代表 RMP 解不存在子回路，列生成求解完毕。

算法 4.6　CG-NG( )

输入：分支树某节点的缩减主问题 RMP；
输出：最优线性松弛解 Z_{LP} 和最优方案 Sol_{LP}；
初始化 $N_i, i \in T$；
$\mathscr{L} \leftarrow \text{InitializeRMP}()$；//初始化 RMP，$\mathscr{L}$ 存储当前 RMP 所有的列
$\Psi \leftarrow \varnothing$；
repeat
　repeat
　　for all $l \in \mathscr{L}$ **do**
　　　添加列 l 进 RMP；
　　end for
　　CPLEX 求解当前 RMP 模型，记目标值为 Z_{RMP}，方案为 Sol_{RMP}；
　　得到当前 RMP 的对偶变量 $\mu_i(i \in T)$ 和 $\sigma_k(k \in O)$；
　　找到 RMP 解对应的路径中出现的所有重复访问的节点集合 Ψ；
　　添加 Ψ 中的节点进相应子回路节点 i 的领域节点集合 N_i 中，若 $|N_i| \leq \eta_{\max}$，则添加成功，从 Ψ 中移除重复节点；
　　for all $k \in O$ **do**
　　　双向动态规划求解第 k 圈次的 ng-RCSPP 问题，记缩减成本为正的路径集合为 $\mathscr{L}_k$；
　　　$\mathscr{L} \leftarrow \mathscr{L} \cup \mathscr{L}_k$；
　　end for

  until $\mathscr{L} = \varnothing$
  until $\Psi = \varnothing$
  返回 $Z_{\mathrm{LP}} \leftarrow Z_{\mathrm{RMP}},\ \mathrm{Sol}_{\mathrm{LP}} \leftarrow \mathrm{Sol}_{\mathrm{RMP}}$;

4. 启发式求解定价子问题

上述基于两种松弛方法的双向动态规划算法实现了对定价子问题的精确求解。为加速列生成算法，一般在列生成的早期采用启发式算法求解定价子问题来构造列，只需最后几步迭代时采用精确算法求解定价子问题，来保证算法的收敛。本算法采用了第 3 章介绍的贪婪随机迭代局部搜索（GRILS）算法来启发式求解定价子问题。由于定价子问题是单圈调度问题，GRILS 算法不需要考虑观测目标分配到多个圈次的问题，因此无需 Assignment( ) 分配步骤。如果当前列生成迭代步，无法通过启发式求解得到任何缩减成本为正的列，则在之后的迭代步都采用定价子问题的精确求解算法。

为保证 RMP 模型的可行性，RMP 初始列的构造方法如下：对每一圈次 k，和该圈次上的任意一个可见时间窗口 VTW_i^k，添加只访问该窗口的列，即该列对应的路径为 (s, i, e)。

4.1.3　主问题求解

在分支定界搜索树的每个节点上，都需要采用列生成算法求解该节点上相应的主问题的线性松弛模型。因此，提高列生成求解效率，能减少求解每个节点主问题的计算时间，其中一个较通用的方法是通过定界（bounding）的方法提早结束列生成算法，本节推导出了拉格朗日上界，用于列生成的定界。此外，本节提出了原始启发式方法，用于快速构造出高质量的可行解，作为分支定界搜索的初始下界，从而减少分支搜索树的规模。最后，根据敏捷卫星调度模型特点，提出了高效可行的分支策略和搜索方法。

1. 拉格朗日上界

在实际应用列生成算法时，一个众所周知的难点在于列生成的"甩尾效应"（tailing-off effect），即列生成往往需要大量的迭代才能将主问题的线性松弛模型求解到最优。这是因为随着列生成的迭代推进，每次迭代 RMP 的目标值提高的幅度越来越小，列生成的收敛速度越来越慢。理论上，这种情况会发生在所有分支定界搜索树的节点对应的线性松弛问题上。此外，当列生成趋向于收敛时，即 RMP 的对偶变量趋近于最优解对应的对偶变量时，相应的子问题求解将会越来越难，这是因为节点的权重 $(P_i - \mu_i)$ 分布越来越均衡，差异越来越小。为克服这种缺点，Vanderbeck 和 Wolsey[56] 通过主问题线性松弛模型的拉格朗日下界（最小化问题）来尽早结束列生成算法，减少甩尾效应造成的负面影响。本节基于卫星调度问题的主问题数学模型，采用拉格朗日松弛法推导出了相应的拉格朗日上界，作为结束列生成的上界依据。

首先，考虑对约束 (4.2) 进行拉格朗日松弛。引入拉格朗日乘子 $\mu = (\mu_1, \cdots, \mu_n)$，其中 μ_i 与约束 (4.2) 中第 i 个约束相关，得到对应的拉格朗日子问题：

$$
\begin{aligned}
\max \sum_{k \in O} \sum_{\omega \in \Omega_k} \bar{P}_\omega^k z_\omega^k + \sum_{i \in T} \mu_i \left(1 - \sum_{k \in O} \sum_{\omega \in \Omega_k} \alpha_{i\omega}^k z_\omega^k \right) \\
= \sum_{k \in O} \sum_{\omega \in \Omega_k} \left(\bar{P}_\omega - \sum_{i \in T} \mu_i \alpha_{i\omega}^k \right) z_\omega^k + \sum_{i \in T} \mu_i
\end{aligned}
\tag{4.22}
$$

s.t.

$$
\sum_{\omega \in \Omega_k} z_\omega^k \leqslant 1, \ k \in O
\tag{4.23}
$$

$$
z_\omega^k \geqslant 0, \ \forall \ \omega \in \Omega_k, k \in O
\tag{4.24}
$$

由约束 (4.23) 和约束 (4.24)，对任意给定 $\mu \in \mathbb{R}_+^{|T|}$，上述目标函数可以转化为拉格朗日对偶函数 $\mathrm{LD} : \mathbb{R}^{|T|} \to \mathbb{R}$，并由下列式子表达：

$$
\mathrm{LD}(\mu) = \sum_{i \in T} \mu_i + \sum_{k \in O} \max \left\{ 0, \max_{\omega \in \Omega_k} \left(\bar{P}_\omega^k - \sum_{i \in T} \mu_i \alpha_{i\omega}^k \right) \right\}
\tag{4.25}
$$

$$
= \sum_{i \in T} \mu_i + \sum_{k \in O} \max \left\{ 0, \max_{\omega \in \Omega_k} \left(\bar{P}_\omega^k - \sum_{i \in V(\omega)} \mu_i \right) \right\}
\tag{4.26}
$$

其中，$V(\omega)$ 表示列 ω 访问的节点集合。LD 是关于 $|T|$ 维参数向量 μ 的函数，可以将该参数视作 RMP 的对应于约束 (4.2) 的对偶变量。也就是说，每次求解 RMP，得到的对偶变量 $\mu_i(i \in T)$，即可代入式 (4.25) 求得 $\mathrm{LD}(\mu)$。注意，式 (4.25) 第二项实质上等同于各个圈次的最优路径的正权重之和，对定价子问题的精确求解即可得到该项的值。由于拉格朗日子问题对约束 (4.2) 进行了松弛，$\mathrm{LD}(\mu)$ 实际上为原问题模型提供了一个上界。为求得最好的拉格朗日上界，定义拉格朗日对偶问题如下：

$$
\min_{\mu \in \mathbb{R}_+^{|T|}} \mathrm{LD}(\mu)
\tag{4.27}
$$

该问题是一个 min-max 双层优化问题。由于内层为线性优化模型，利用对偶理论将其转化为单层优化模型：

$$
\min_{\mu \in \mathbb{R}_+^{|T|}} LD(\mu) = \min_{\mu \in \mathbb{R}_+^{|T|}} \left\{ \sum_{i \in T} \mu_i + \sum_{k \in O} \max \left\{ 0, \max_{\omega \in \Omega_k} \left(\bar{P}_\omega^k - \sum_{i \in V(\omega)} \mu_i \right) \right\} \right\} \tag{4.28}
$$

$$
= \min \left\{ \sum_{i \in T} \mu_i + \sum_{k \in O} \zeta_k \middle| \mu \in \mathbb{R}_+^{|T|}, \zeta_k \geqslant 0 \quad \text{且} \right.
$$

$$
\left. \zeta_k \geqslant \left(\bar{P}_\omega^k - \sum_{i \in V(\omega)} \mu_i \right), \forall \omega \in \Omega_k, k \in O \right\} \tag{4.29}
$$

$$
= \max \left\{ \sum_{k \in O} \sum_{i \in T} \bar{P}_\omega^k z_\omega^k \middle| \sum_{k \in O} \sum_{\omega \in \Omega_k: i \in V(\omega)} z_\omega^k \leqslant 1, \forall i \in T, \right.
$$

$$
\left. \sum_{\omega \in \Omega_k} z_\omega^k \leqslant 1, \forall k \in O \quad \text{且} \quad z_\omega^k \geqslant 0, \forall \omega \in \Omega_k, k \in O \right\} \tag{4.30}
$$

问题 (4.29) 的对偶问题为问题 (4.30)，因此拉格朗日对偶问题的解等同于主问题线性松弛解。随着列生成的逐步迭代，RMP 的对偶变量趋近于线性松弛解对应的最优对偶变量，拉格朗日上界 $LD(\mu)$ 也趋近于其最大值。

记 Ω 代表 MP 中所有列的集合，即所有可行的单圈调度方案集合，$\tilde{\Omega}$ 代表当前 RMP 模型中所有的列的集合，$Z_{\mathrm{LP}}(\Omega)$ 代表由 Ω 中的列组成的主问题模型的目标值，则必有 $\tilde{\Omega} \subseteq \Omega$ 和 $z_{\mathrm{LP}}(\Omega) \geqslant Z_{\mathrm{LP}}(\tilde{\Omega})$。之前的列生成终止条件为：当定价子问题找不到缩减成本为正的列时，由强对偶性可知，$Z_{\mathrm{LP}}(\Omega) = Z_{\mathrm{LP}}(\tilde{\Omega})$，此时已求得线性松弛最优解。

拉格朗日上界为列生成算法提供了更好的终止条件：

$$
\mathrm{UB}^t \leqslant Z_{\mathrm{LP}}(\tilde{\Omega}) \tag{4.31}
$$

其中，UB^t 表示到目前列生成迭代步 t 为止，RMP 模型对应的对偶变量求得的 $LD(\mu)$ 的最小值，即

$$
\mathrm{UB}^t = \min_t \{ \lfloor LD(\mu^t) \rfloor \} \tag{4.32}
$$

其中，μ^t 代表列生成第 t 步的对偶变量向量 μ。随着列生成的迭代步数增多，$|\mathrm{UB} - Z_{\mathrm{LP}}(\tilde{\Omega})|$ 越来越小，列生成在未求得最优解时即可终止。

此外，在求解分支定界搜索树上某个节点对应的子问题时，若已知当前最优下界（即当前最好的整数可行解）Z^{Inc}，采用列生成求解当前节点子问题的线性

松弛模型时，如果满足

$$\mathrm{UB}^t \leqslant Z^{\mathrm{Inc}}, \tag{4.33}$$

列生成算法可终止，当前节点对应的子问题不可能获得比当前最优下界更好的解，因此可剪枝掉。

2. 分支策略

在分支定界搜索树的根节点上求解主问题，其线性松弛最优解往往不是整数可行解。此时，需要依据指定的分支策略，对分数变量进行分支，在生成的子节点上对相应的分支子问题继续求解，直至全部分支搜索树的所有节点求解完毕，得到整数最优解。

分支策略就是选择对哪些变量进行分支。有效的分支策略需要保证对于任意的分数解，都能找到可分支的变量。选择分支策略，应遵循不破坏子问题的结构的原则，不需要或尽量少地修改主问题，以避免因分支造成问题更加复杂。此外，分支策略的制定应注重分支数目，尽量减少分支树的规模。

在分支定价算法中应用分支策略，若对 RMP 的变量直接进行分支，会严重破坏子问题的结构，干扰子问题的求解，并导致分支定界搜索树不平衡。例如，对 $z_\omega^k = 0$ 的一支，对应的路径 l_ω^k 禁止在子问题中再次被生成。若后续求解过程中定价子问题的最优路径还是 l_ω^k，则需要求解第二优的路径。如果在分支深度为 d 的节点上，定价子问题可能需要找第 d 优的路径。这种分支策略，显然会加大定价子问题的求解难度。

一个较为通用的方法是在原问题变量上进行分支。在 VRP 这类问题中，最为常见的是在弧 (i, j) 上进行分支[38]。对任意一个主问题的分数解，总能找到这样一个弧 (i, j)，该弧的访问次数（车辆访问数）为分数。原问题可以分为两支，一支对应于禁止访问 (i, j)，即从原图 G 中删除该弧，另一支对应于强制访问 (i, j)，即删除 c 除了 (i, j) 以外与 i 相连的出弧，和与 j 相连的入弧。该分支策略的好处在于不需要修改主问题，也不会破坏子问题的结构。而定向问题中，不能直接采用该分支策略，这是因为定向问题不存在必须访问每个节点的约束，在第二个分支上，弧段 (i, j) 的访问次数仍然有可能是分数的。为解决这个问题，Boussier 等[70] 提出了双层分支策略。首先，优先对节点的访问次数进行分支，强制或禁止该节点被访问。其次，若所有节点的访问次数都为整数，则对弧 (i, j) 进行分支，考虑两种情况：① 若 i 或 j 被强制访问，则按上述弧分支策略分为两支；② 若 i 或 j 都没有被强制访问，则分为三支，前两支与弧分支策略相同，修改图 G，但要额外添加强制 i 被访问的约束，第三支对应于禁止 i 被访问。Archetti 等[71] 在研究带容量约束的定向问题时，又额外考虑了对车辆数量的分支。上述分支策略的优势在于：① 确保了对任意分数解，总能找到可分支的变量；② 不同粒度的多层分支策略使算法尽可能多地删除分数解，减少了分支树的规模（相比于数量较多的弧，优先对车辆数量和节点进行分支更有利于分支定界搜索算法的收敛）。

然而，由于定向问题模型和本问题模型存在着许多不同，该分支策略可能无法取得好的效果。首先，卫星调度模型的圈次数是固定的，无法根据圈次数进行分支，且由于约束 (4.3) 的存在，仅对单个圈次进行分支会使分支后形成的两个子问题的解空间重合度过大；其次，本问题的整数可行解要求在每个圈次上的调度方案对应的值都必须是整数，而上述分支策略无法保证在分支后单个圈次上某节点或弧对应的访问次数一定是整数；再次，每个观测目标只在少数圈次上可见，而在多数圈次上不可见，且目标之间在不同圈次上的连通性不同，仅对某个圈次上的弧段进行分支，对其他圈次的影响较小。举例来说，若目标 i 和 j 仅在圈次 k 上可连通，禁止或强制弧 (i,j) 被访问，对其他圈次上列的生成影响较小，因此分支能起到的效果非常有限。

基于上述考虑，本书采用了新的分支策略，基于可见时间窗的分支策略。具体来说，对原问题模型中的 y_i^k（即可见时间窗 VTW_i^k 的访问次数）进行分支。假设在圈次 k 上目标 i 的访问次数为分数，在一个分支上强制目标 i 在圈次 k 被访问，即在主问题上令 $\sum_{k\in O}\sum_{\omega\in\Omega_k}\alpha_{i\omega}^k z_\omega^k = 1$，同时删除其他圈次上目标 i 的可见时间窗口，并删除当前 RMP 中其他圈次上访问过 i 的列；在另一分支上，禁止目标 i 在圈次 k 被访问，允许但不强制 i 在其他圈次被访问，删除圈次 k 上目标 i 的可见时间窗，删除当前 RMP 中圈次 k 上访问过目标 i 的列。此外，该分支策略需要将约束 (4.3) 改为等式约束，以保证分支的有效性，并添加空路径对应的列进 RMP 以确保主问题的可行性，该约束对应的对偶变量 $\sigma_k(k\in O)$ 的取值范围由 $\sigma_k\geqslant 0$ 变为 $\sigma_k\in\mathbb{R}$。下面对所提出的分支策略的有效性进行证明。

命题 4.2 对主问题模型 (4.1) 来说，若其解内所有目标在任意一个圈次上的访问次数为整数，则该解必然是整数可行解。

证明 反证法。若某个分数解内所有目标在任意一个圈次上的访问次数都为整数，则在某圈次 k 上至少存在两个访问次数为分数的列。不妨设该分数解在圈次 k 上仅存在两个列 ω_1 和 ω_2，其分数值分别为 $z_{\omega_1}^k$ 和 $z_{\omega_2}^k$，由等式约束 (4.3) 可知，$z_{\omega_1}^k + z_{\omega_2}^k = 1$。而列 ω_1 和列 ω_2 对应的单圈调度方案至少存在一个目标 i（即时间窗 VTW_i^k）不同，那么该目标在圈次 k 上的访问次数必然为分数，这与假设矛盾，因此命题成立。

相比于定向问题的多层分支策略，本分支策略的优势在于：① 兼顾了圈次信息，保证了分支定界算法的收敛性；② 相比于三分支，基于二分支的分支定界搜索树规模更小；③ 弧的基数一般比可见时间窗的基数大，即弧的粒度要比时间窗要小，基于时间窗的分支策略一般能取得更好的效果。该分支策略可以推广至一类特殊的路径优化问题：在该问题里，不同车辆可访问的节点不同，或者节点的时间窗（或位置关系）不同，使得该问题的分支定价求解中，每个车辆对应的定价子问题的图结构不同。

采用该分支策略，还需要考虑强制某目标 i 必须被访问的分支约束（即 $\sum_{k \in O} \sum_{\omega \in \Omega_k} \alpha_{i\omega}^k z_\omega^k = 1$）所造成分支后的问题不可行。图 4.1 展示了一个分支简例。图中，假设在之前的分支中要求 m 必须在圈次 k 被访问，节点 0 在变量 y_i^k 上进行分支，若此时 RMP 在圈次 k 上仅有一列 $(s, m, i, j, \cdots, e)^k$ 同时访问目标 i 和 m，而节点 1 上强制目标 i 在圈次 k 被调度，则保留该列至节点 1 的 RMP 中。假设对节点 1 的 RMP 求解过程不产生任何新列，节点 1 对 y_j^k 进行分支，分支后节点 3 上禁止目标 j 在圈次 k 被调度。此时按照给定的分支策略，列 $(s, m, i, j, \cdots)^k$ 应该从 RMP 模型中移除，然而移除该列会导致节点 3 上的 RMP 不可行，因为此时 RMP 中圈次 k 上不存在任何同时访问 i 和 m 的列，违反了分支约束。为避免这种情况，对于强制某目标 i 必须在圈次 k 被访问的分支，找到分数解中圈次 k 上访问所有被强制执行的目标的列，删除该列（路径）上所有非强制访问目标，构造新的列，加入该分支的 RMP 中。以图 4.1（b）为例，构造新列 $(s, m, i, e)^k$ 并加入到节点 1 的 RMP 模型中。

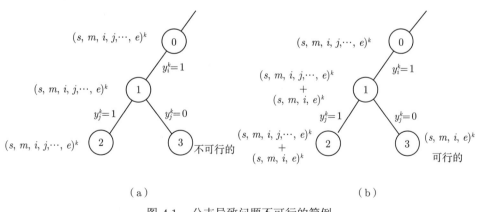

图 4.1 分支导致问题不可行的简例

（a）不可行；（b）可行

除了分支策略外，分支定界算法框架还需要考虑到分支节点的搜索策略。初步实验结果表明，卫星算例往往需要分支搜索很多步才能找到一个整数可行解，采用深度搜索算法能尽快帮助算法找到较优的可行下界，取得较好的搜索效果。需要说明的是，对于某分支子节点集合，算法会先计算每个节点的线性松弛解，优先搜索解质量较好的节点。

3. 原始启发式

启发式思想往往能加速精确算法的求解。原始启发式（primal heuristic），就是作用于分支定界的根节点上，帮助算法尽快找到高质量的可行解的启发式方法[57]。对最大化问题，在获得较优可行下界的基础上，若当前节点上界比最优下界更差，即可剪枝该节点，无需继续该分支的搜索。原始启发式大体可归为三类：下潜启发式、取整法和 Octane 法。下潜启发式是指在根节点处将某些分数变量固定在其理想整数值，并迭代式地重新求解剩下的线性松弛问题。取整法是指将在保证可行性的情况下，将分数解中所有变量根据一定策略取整，直接获得整数可行解。Octane 法则是从当前分数解出发，设计射线打靶（ray shooting）算法找到邻近的整数可行解。Sadykov 等[72] 研究了基于分支定价算法的下潜启发式，对 Dantzig-Wolfe 主问题模型变量进行取整，并对剩余问题采用相似的方法迭代求解。我们借鉴了该算法的求解思想，并根据本模型的圈次信息对算法做了调整，保证能在 $|O|$ 步内找到整数可行解，算法标记为 PrimalHeuristic( )。算法步骤如下：

Step 0   初始化，令 $t = 0$，设根节点上的 RMP 为 F^0；

Step 1   求解 RMP 模型 F^t，若其线性松弛解是整数解，则已找到整数可行解，算法退出；否则，设其线性松弛解在第 k 圈次第 ω 个方案的访问次数为 $z_\omega^k(F^t)(\omega \in \Omega_k, k \in O)$，找到线性松弛解中访问次数为分数且最大的列，即 $\omega_{\max} \leftarrow \underset{\omega \in \Omega_k, k \in O}{\arg\max} \{z_\omega^k(F^t) : 0 < z_\omega^k(F^t) < 1\}$，该列所在圈次记为 $k_{\max}$；

Step 2   将列 $\omega_{\max}$ 固定到圈次 $k_{\max}$ 上，即修改 RMP，令 $z_{\omega_{\max}}^{k_{\max}} = 1$，$\sum_{\omega \in \Omega_{k_{\max}}} z_\omega^k = 1$。设列 $\omega_{\max}$ 已访问的目标集合为 $T_{\omega_{\max}}$，删除 RMP 中访问过 $T_{\omega_{\max}}$ 中目标的所有列，删除 $T_{\omega_{\max}}$ 中的目标在 $k_{\max}$ 以外其余圈次上的可见时间窗。令 $t = t + 1$，进入 Step 1。

4.1.4   割平面设计

分支定价割平面算法是将割平面（即有效不等式）引入分支定价主问题模型中，使主问题的线性松弛界更加紧凑，从而减小分支定界搜索树的规模，加快收敛速度。具体来说，在分支定价算法中，每个节点上采用列生成算法求解线性松弛主问题，其解往往是分数解，与其整数解之间有一定的差距（称为整性间隙，integrality gap），此时分支定价算法会根据分支策略对分数解进行分支，通过搜索分支定界数最终找到可行解。而引入割平面是指若主问题线性松弛解是分数解，定义一类有效不等式并加入主问题模型中，切去一部分分数解，重新求解主问题，使求解后的线性松弛解更接近整数可行解，从而达到减少分支定界搜索规模。分支定价割平面算法是目前研究整数规划问题最新也是最热门的一类算法框架，也是解决经典车辆路径规划这类问题的最先进的（state-of-the-art）算法框架。本节主要介绍了 SRI 割平面。SRI 割平面已经被证明是求解 VRP 最为有效的一类割平面，能较好地提高线性松弛界的质量，由于模型的相似性可直接用于本问题中。需要注意的是，SRI 割平面属于非鲁棒性的割平面，引入该类不等式会影响定价子问题的结构，提高子问题的求解难度。为保证算法的最优性，本节分别给出了修改后定价子问题的求解方法，并根据初步数值实验结果制定分支定价割平面的算法细则，最大限度地减少求解时间。

SRI 割平面是由 Jepsen 等[52] 根据节点唯一性约束（如本问题中的约束 (4.2)）推导出来的一类 Chvátal-Gomory rank 1 割平面，是 VRPTW 的分支定价割平面算法研究中最经典也是最有效的割平面。设 S 为目标集合 T 的一个子集，$r = \{1, 2, \cdots, |S|\}$，根据本问题的主问题模型，SRI 割平面的定义为

$$\sum_{k \in O} \sum_{\omega \in \Omega_k} \left\lfloor \frac{1}{r} \sum_{i \in S} \alpha_{i\omega}^k \right\rfloor z_\omega^k \leqslant \left\lfloor \frac{|S|}{r} \right\rfloor \tag{4.34}$$

根据式 (4.34)，给定圈次 k 第 ω 个列对应的变量 z_ω^k，如果该列调度了集合 S 中超过 r 个目标，则 z_ω^k 在上述不等式中的系数不为零。若当前分数解存在某些列违反上述不等式，则将相应不等式加入 RMP 重新求解，使当前分数解不会再出现，同时使线性松弛上界更紧凑。从当前 RMP 模型中寻找合适的割平面的过程，称为分离问题。

SRI 割平面的分离问题定义如下：设对任意圈次 k 和其上任意第 ω 列，线性松弛解中有 $z_\omega^k < 1$。给定参数 n 表示目标集合 S 的基数，参数 r 满足 $1 \leqslant r \leqslant n$，设二元决策变量 $\lambda_i = 1$ 表示目标 i 属于 S，否则为 0。分离问题等同于找当前线性松弛解中 SRI 不等式 (4.34) 违反量最多的目标集合 $S \subseteq T$，其形式化定义为

$$\max \sum_{k \in O} \sum_{\omega \in \Omega_k} \left\lfloor \frac{1}{r} \sum_{i \in T} \alpha_{i\omega}^k \lambda_i \right\rfloor z_\omega^k - \left\lfloor \frac{n}{r} \right\rfloor \tag{4.35}$$

s.t.

$$\sum_{i \in T} \lambda_i = 1 \tag{4.36}$$

$$\lambda_i \in \{0, 1\}, \ \forall \ i \in T \tag{4.37}$$

完全的分离问题是对目标集合 T 的所有子集 S，找出违反量最多的 SRI 割平面。Jepsen 等[52] 证明了 SRI 割平面的完全分离问题为 NP-hard。这意味着，不可能在可接受时间内对所有的 S 和参数 r，找出违反量最大的 SRI 割平面。根据实验分析结果，S 越大，分离问题的求解难度越大，而 SRI 割平面的作用越小[73]。因此，目前大部分 VRP 和 TOP 的研究[47,52,69,74−76] 采用的是 $|S| = 3$ 和 $r = 2$ 的 SRI 割平面，又称为 SR3 割平面。出于同样的原因，本算法仅采用了 SR3 割平面。由于 SRI 割平面是定义在主问题变量上的不等式，在添加入主问题时，会改变子问题的结构。为保证算法的最优性质，需要对定价子问题做出修改。

假设往主问题模型中添加定义在主问题变量 z_ω^k 上的不等式：

$$\sum_{k \in O} \sum_{\omega \in \Omega_k} \beta_\omega^k z_\omega^k \leqslant \beta_0 \tag{4.38}$$

其中，β_ω^k 为不等式里 z_ω^k 的系数，β_0 为不等式常数项。令 $\delta \geqslant 0$ 表示不等式 (4.38) 对应的对偶变量，那么，圈次 k 第 ω 列的缩减成本变为

$$\bar{\mathscr{C}}_\omega^k = \mathscr{C}_\omega^k - \delta \beta_\omega^k \tag{4.39}$$

显然，若往主问题中添加定义在量 z_ω^k 上的不等式，其定价子问题需要修改求解结构，即对任意每个单圈调度方案 ω，检查其系数 β_ω^k，在原有缩减成本的基础上减去 $\delta \beta_\omega^k$。

根据式 (4.39) 和式 (4.34)，设添加一个 SRI 割平面 u，S_u 代表该割平面涉及到的节点集合，忽略圈次编号 k，列 ω 的缩减成本为 $\bar{\mathscr{C}}_\omega = \mathscr{C}_\omega - \delta_u \beta_\omega^u$，其中 $\beta_\omega^u = \left\lfloor \dfrac{1}{r} \sum_{i \in S_u} \alpha_{i\omega} \right\rfloor$，表示当前列访问 S_u 中目标的次数对 r 取模。缩减成本的最后一项 δ_u 可以看作路径每访问 r 个集合 S_u 中的目标，需要施加的惩罚项 δ_u。为确保定价子问题考虑到该惩罚项，需要按照 Jepsen[52] 的方法修改动态规划算法。

令 Λ 表示当前 RMP 中的所有对偶变量为正的 SRI 割平面集合，对每个 SRI 割平面 $u \in \Lambda$，为每个标号 L 添加一个新的虚拟资源 $\nu^u(L)$，用于计数从上一次被惩罚后，L 访问过的 S_u 中的目标数。假设将目标看作当前定价子问题网络中

的节点，将 L 从当前节点 i 扩展到节点 j 上，生成新的标号 L'，如果 $j \notin S_u$，则 $\nu^u(L') = \nu^u(L)$，否则令 $\nu^u(L') = (\nu^u(L) + 1) \bmod r$。对于后者，若 $\nu^u(L') = 0$，则令 L' 的缩减成本减去惩罚项 δ_u。

除了 REF 外，占优准则也需要进行修改。Desaulniers 等[77] 提出了较为通用的方法，检查 L_1 是否占优 L_2 时，添加如下判断条件：

$$\nu^u(L_1) \leqslant \nu^u(L_2), \ \forall u \in \Lambda \tag{4.40}$$

添加此判断条件的依据是，若存在某 SRI 割平面 u，使得 $\nu^u(L_1) > \nu^u(L_2)$，那么对 L_1 和 L_2 进行相同的后续扩展，L_1 的扩展有可能需要减去惩罚项，而 L_2 的扩展却不需要，因而 L_1 不能占优 L_2。Jepsen 等[52] 提出了更强的占优准则，通过以下条件来替代条件 (4.40) 和准则 (4.14) 中的权重判断条件：

$$C(L_1) - \sum_{u \in \Lambda_{1,2}} \delta^u \geqslant C(L_2) \tag{4.41}$$

其中，δ^u 为 SRI 割平面 u 对应的对偶变量，$\Lambda_{1,2} = \{u \in \Lambda : \delta^u > 0 \wedge \nu^u(L_1) > \nu^u(L_2)\}$。RMP 添加 SRI 的集合 Λ 后，继续采用列生成求解，使用修改后子问题的求解算法，计算过程标记为 CG-DSSRM(Λ) 或 CG-NGM(Λ)。

仅考虑 $|S| = 3$ 和 $r = 2$ 时，对应的分离问题需要对任意 3 个目标构成的集合 S 在 RMP 的所有基变量上的访问次数进行检查，因此复杂度为 $O(|T|^3|B|)$，其中 $|B|$ 为基变量的数量，即 RMP 的线性松弛解中的列数。由于在本问题模型中，不同圈次上的目标可见性不同，可通过以下定义加速分离问题的求解。

命题 4.3 给定目标集合 S，且 $|S| = 3$ 和 $r = 2$，S 违反不等式 (4.34) 的必要条件是：① S 中任意两个目标至少在一个圈次上都可见；② 基变量对应的列中，同时访问 S 中至少两个目标的列至少出现在两个圈次上。

证明 先证条件①。反证法，设 $S = \{i, j, m\}$，不妨设目标 i 和 j 在任意圈次都不同时可见，设 $\Omega_k^{i,m}$ 代表圈次 k 上同时访问目标 i 和 m 但不访问 j 的列集合，$\Omega_k^{j,m}$ 代表圈次 k 上同时访问目标 j 和 m 但不访问 i 的列集合，则由约束 (4.2)，必有

$$\sum_{k \in O} \sum_{\omega \in \Omega_k^{i,m}} z_\omega^k + \sum_{k \in O} \sum_{\omega \in \Omega_k^{j,m}} z_\omega^k \leqslant \sum_{k \in O} \sum_{\omega \in \Omega_k} \alpha_{m\omega}^k z_\omega^k \leqslant 1 \tag{4.42}$$

必然满足不等式 (4.34)。

再证条件②。基变量中，访问 S 中至少两个目标的列均出现在同一圈次 k 上，

记为 $\Omega_k^{\nu \geqslant 2}$，则由约束 (4.3) 易知

$$\sum_{k \in O} \sum_{\omega \in \Omega_k} \left\lfloor \frac{1}{2} \sum_{i \in S} \alpha_{i\omega}^k \right\rfloor z_\omega^k = \sum_{k \in O} \sum_{\omega \in \Omega_k^{\nu \geqslant 2}} z_\omega^k \leqslant \sum_{\omega \in \Omega_k} z_\omega^k \leqslant 1 \qquad (4.43)$$

满足不等式 (4.34)。命题得证。

利用上述命题，通过以下方式加速分离问题的求解：① 预处理计算任意两个目标是否在至少一个圈次上同时可见，如果均不可见则这两个目标不能出现在同一个目标子集 S 中；② 预处理计算任意两个目标是否在某圈次上同时可见，如果不可见，对包含这两个目标的目标集合 S，该圈次上的分离问题不考虑集合 S，且如果 S 对应的 SRI 加入 RMP 后，该圈次上的定价子问题无需作相应修改。由于分离问题本身是 NP-hard，精确求解分离问题会增加求解时间，甚至反而使加入割平面后算法整体时间更长。为减少其影响，本算法不要求找到最优的割平面（即约束违反量最大的割平面），而只需找到约束违反量大于或等于 1/3 的割平面，并且对加入 RMP 的割平面数量设限，防止过多的割平面导致定价子问题难以求解。此外，每次分离并添加若干割平面时，保证添加的割平面关联的目标不重合，这样能用尽可能少的割平面取得更好的效果。本算法中分离问题的求解过程用 Separation( ) 标记。

4.1.5　分支定价割平面算法框架

算法 4.7 给出了整个分支定价割平面算法的求解框架。首先，对根节点的 RMP 模型利用列生成算法求解其线性松弛解，求解过程如算法 4.8 所示，用 SolveLP( ) 标识。根据不同的初等约束松弛技术选择列生成算法 CG-DSSR( ) 或 CG-NG( )。若线性松弛解为分数解，求解其 SRI 分离问题（Separation( )），将得到的 SRI 割平面添加进 RMP 中，列生成重新求解 RMP，使用修改后的定价子问题求解算法；若线性松弛解为整数可行解或满足 SRI 终止条件，则退出线性松弛求解过程，返回分支定界搜索过程。这里 SRI 终止条件是指当前 RMP 包含的 SRI 割平面数量超过某个数值，或者当前解无法找到可分离的 SRI 割平面。若根节点的线性松弛解为整数解，则最优解找到，算法退出；否则通过原始启发式算法 PrimalHeuristic( ) 得到全局下界。随后，算法进入基于深度优先的分支搜索过程 SolveBranch( )，如算法 4.9 所示。分支搜索的具体过程为，得到某个分支节点 Node 的线性松弛解后，采用分支策略（BranchStrategy( )）确定分支变量，生成两个子节点，构造这两个子节点的 RMP 模型，并调用 SolveLP( ) 对

每个分支求解其线性松弛解，优先搜索线性松弛解较大的分支。若某个分支的线性松弛解小于全局下界，则剪枝该分支。若其线性松弛解大于全局下界，且为整数可行解，则更新全局下界。当所有分支全部搜索完毕，当前全局下界即为最优解，分支定价割平面算法退出。

算法 4.7 分支定价割平面 BPC 算法框架

输入：观测目标集合 T，圈集合 O，时间窗口 $\mathrm{VTW}_i^k (i \in T, k \in O)$；

输出：最优调度方案 OptSol 和最优解值 P_{opt}；

初始化根节点 Root;

InitializeRMP();//在根节点上构造 RMP

(Root.LPobj,Root.LPsol) ← SolveLP(Root);//列生成求解 RMP

if Root.LPsol 为整数解 **then**

  返回 OptSol ← Root.LPsol, P_{opt} ← Root.LPobj;

end if

(LowerBound,BestFoundSol) ← PrimalHeuristic(Root);//原始启发式算法更新全局下界

if BestFoundSol 为整数解 **then**

  返回 OptSol ← BestFoundSol, P_{opt} ← LowerBound;

end if

SolveBranch(Root, LowerBound,BestFoundSol);//进入递推分支搜索函数

返回 OptSol ← LowerBound, P_{opt} ← LowerBound;

算法 4.8 SolveLP(Node)

输入：分支节点 Node，全局下界 LowerBound，最好解 BestFoundSol;

输出：节点 Node 对应 RMP 模型的线性松弛解 LPobj 和方案 LPsol;

(LPobj, LPsol) ← CG-DSSR( ) or CG-NG( );

repeat

  $\bar{\Lambda}$ ← Separation(LPsol);//根据 LPsol 求解 SRI 割平面分离问题

  $\Lambda \leftarrow \Lambda \cup \bar{\Lambda}$;

  (LPobj, LPsol) ← CG-DSSRM(Λ) or CG-NGM(Λ);

until LPsol 为整数可行解或满足 SRI 终止条件

返回 LPobj 和 LPsol;

算法 4.9 SolveBranch(Node,LowerBound,BestFoundSol)

输入：分支节点 Node，全局下界 LowerBound，最好解 BestFoundSol;

for all Child ∈ Node.ChildList **do**

(Child.LPobj,Child.LPsol) ← SolveLP(Node);//求解当前子节点 RMP

  if Child.LPobj ⩽ LowerBound **then**

    Child 分支被剪枝, continue;

  end if

```
if Child.LPsol 为整数解 then
    LowerBound ← Child.LPobj, continue;
end if
Child.ChildList ← BranchStrategy(Child);//分支子节点
end for
Node.ChildList ← Node.ChildList.OrderbyLPobj();//排序子节点
for all Child ∈ Node.ChildList do
SolveBranch(Child,LowerBound,BestFoundSol);//深度优先分支搜索
end for
```

4.2　求解时间依赖收益型调度问题

基于模型相似性，时间依赖收益型调度问题采用了与相同的分支定价求解框架，但不同之处在于，时间依赖收益型定价子问题是一类特殊且复杂的 RCESPP，需要设计专门的精确求解算法。针对该定价子问题（单圈调度问题），提出了一种基于递减状态空间松弛的自适应方向动态规划算法，以适应时间依赖收益问题特点，同时提出了多种算法改进措施，以提高定价子问题的求解效率，确保分支定价算法可以求解多圈调度问题。

4.2.1　基于 Dantzig-Wolfe 分解的数学模型

由于模型的相似性，这里采用了与 4.1.1 节相同的符号表示，定义 $\tilde{P}_\omega^k$ 代表圈次 k 第 ω 个单圈调度方案的收益，通过 Dantzig-Wolfe 分解法，时间依赖收益型调度问题的主问题为

$$\max \sum_{k \in O} \sum_{\omega \in \Omega_k} \tilde{P}_\omega^k z_\omega^k \tag{4.44}$$

s. t. 　约束 (4.2)～ 约束 (4.4)

显然，该主问题模型与不考虑时间依赖收益时调度问题的 MP 模型区别不大，不同之处仅在于每一列对应的路径收益上，也就是定价子问题的求解上。因此，本问题的算法继承了 4.1 节介绍的分支定价算法的框架（如算法 4.7 和算法 4.9 所示），其中列生成框架如算法 4.5 所示。采用 2.2.2 节定义的基于时间索引的决策变量 y_{it}，本问题的定价子问题为

$$\max \sum_{i \in T} \sum_{t=\mathrm{st}_i^k}^{t=\mathrm{et}_i^k - d_i} y_{it}(p_{it} - \mu_i) - \sigma \tag{4.45}$$

s. t.

$$\sum_{t=\mathrm{st}_i^k}^{t=\mathrm{et}_i^k-d_i} y_{it} \leqslant 1, \ \forall i \in T \tag{4.46}$$

以及忽略了圈次索引 k 的约束 (2.25)~ 约束 (2.30)。

目标函数（4.45）也可以表示为

$$\max_{\omega \in \Omega} \left\{ \sum_{i \in V(\omega)} (p_i(t_i) - \mu_i) - \sigma \right\}$$

其中 Ω 代表当前圈次所有路径的集合。

时间依赖收益型调度的定价子问题找到的最优单圈调度方案的总权重，不仅与路径中选择哪些目标以及目标间的顺序有关，也跟每个目标的具体观测开始时间有关。显然，该问题对应的所有可行列的集合（即所有圈次的单圈调度方案集合）Ω 比不考虑时间依赖收益的调度问题要大，且后者是前者在所有可见时刻收益均相等时的一个特例，因此时间依赖收益型调度的定价子问题求解的复杂程度更高。由于本书采用的是非单调的时间依赖收益模型，而在相似经典问题中未曾有人研究过，因此需要特别设计针对性的定价子问题求解算法，并保证该算法的高效性，才能应用于分支定价精确算法框架中。

4.2.2　定价子问题基本求解算法

定价子问题可以看作是考虑时间依赖收益的 RCESPP，路径访问每个节点获得的权重 $(p_{it} - \mu_i)$ 与访问时间有关，而路径的总权重等于路径上访问节点相对于其访问时间的实际权重的累加。为此，在采用了 4.1.2节的基于递减状态空间松弛的动态规划算法框架的基础上，我们借助了 3.2.2 节中与前向（后向）累积收益函数相似的方法，来表示一条路径在访问最后一个节点时，不同时间点对应的最大前向（后向）累积权重。递推公式 (3.3) 和公式 (3.4) 所揭示的最优子结构性质，保证了算法的最优性。记 $C^f(t)(C^b(t))$ 为标号 L 的前向（后向）累积权重函数，表示从初始节点（终止节点）到当前节点在 t 时刻的最大前向（后向）累积权重。以前向标号为例，标号 L 可表示为四元组 $L = (i, \tau, C(t), R)$，$C^f(t)$ 中 t 的取值范围为 $[\tau, \mathrm{et}_i - d_i]$，在该范围内每一个时间点对应一个 L 所代表的路径取不同到达时间的累积权重，即当前问题的一个可行解。设 $\phi(L, t) = (i, t, C_\phi, R)$ 为标号 L 在时刻 t 的状态，C_ϕ 代表该状态对应的累积权重，则有 $C_\phi = C^f(t)$。显然，前向累积权重函数 $C(t)$ 是一个非递减的离散函数，描述了累积权重与所耗时间之间的权衡关系，即 t 越大，C_ϕ 越大。因此，该函数又可称为 "权衡函数"。这种结合权衡函数的动态规划算法已经应用于求解考虑时间窗的时间依赖车辆路径规划问题（time dependent-vehicle routing problem with time windows, TD-VRPTW）[78] 和考虑软时间窗的车辆路径规划问题（vehicle routing problem with soft time windows, VRPSTW）[33] 中。

需要注意的是，3.2.2 节中前向累积收益函数的定义和计算方式稍有不同。给定节点 i 上的前向标号 $L = (i, \tau, C(t), R)$，将其扩展至节点 j 上的 $L' = (j, \tau', C'(t), R')$，其前向累积权重函数计算方式为

$$C'(t_j) = \max_{t_i}\{C(t_i)|\ \mathrm{EarliestStartTime}_{ij}(t_i) \leqslant t_j,\ \tau \leqslant t_i \leqslant \mathrm{et}_i - d_i\} + p_j(t_j) - \mu_j$$

$$(4.47)$$

节点访问资源的更新方式，以及扩展可行性的判断条件与 4.1.2 节一致。函数中每个数据点对应了标号 L' 上每个状态的权重。若函数中所有状态的权重均非正，可认为标号无效，该扩展不可行，这是由于遵守三角不等式的情况下，原标号 L 扩展至其他任意节点的标号都占优由 L' 扩展至相应节点的标号。

图 4.2 展示了一个由三个节点和两个标号组成的前向扩展的例子。圆圈中的数字代表了节点的标号，弧上的数字表示了通过这条弧所消耗的时间。实线和虚线分别代表了标号 L_1 和 L_2 从节点 1 到节点 3 的两条不同路径。每个节点在不同时刻的收益值显示在图 4.2（b）中的表①里，累积权重函数值展示在表②中。设 3 个节点对应的对偶值 $\mu_1 = \mu_2 = \mu_3 = 0$。表②中每一格子代表了相应标号的一个状态。当从节点 1 扩展至节点 3 生成标号 L_2 时，L_2 在 $t = 3$ 时刻的累积权重为 $C_{L_2}(5) = \max\{p_1(1), p_1(2)\} - \mu_1 + p_3(5) - \mu_3 = 5$。同样，$L_2$ 在 $t = 7$ 时刻的累积权重为 $C_{L_2}(7) = \max\{p_1(1), p_1(2), p_1(3), p_1(4)\} - \mu_1 + p_3(7) - \mu_3 = 4$。显然，$L_2$ 在 $t = 7$ 时刻的状态不如 $t = 3$ 时刻的状态占优，因此可以将其累积权重置为 5。

占优测试通常是针对两个路径（标号）的资源消耗量进行的比较，剪枝掉其中在各类资源消耗量较多的劣质路径，以避免该路径继续扩展。考虑累积权重函数时，两个路径间的占优测试删除的应该是累积权重函数的一部分，也就是删除被占优的状态。如图 4.3 所示，前向标号 $L_1 = (i, \tau_1, C_1, R_1)$（粗线）和 $L_2 = (i, \tau_2, C_2, R_2)$（细线）关联在同一个节点上，其最早开始时间分别为 τ_1 和 τ_2。若 L_1 和 L_2 访问的节点都相同，即 $R_1 = R_2$，则通过占优测试，两个标号的累计权重函数中较大的部分对应的状态是未被占优的，由实线表示，而权重较小的部分对应的状态是被占优的，由虚线表示。因此，占优准则有如下定义。

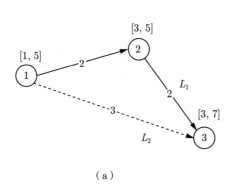

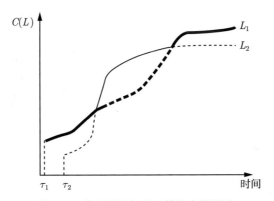

①

目标	[st$_i$, et$_i$]			$p_i(t_i)$		
1	[1, 5]	1	2	3	2	1
2	[3, 5]	2	3	2	—	—
3	[3, 7]	1	2	3	2	1

②

标号	[es$_L$, et$_3$]	$C_L(t_3)$			
		$t=4$	$t=5$	$t=6$	$t=7$
L_1 (1→2→3)	[5, 7]	—	6	6	6
L_2 (1→3)	[4, 7]	3	5	5	5

图 4.2 基于累积权重函数的前向扩展简例

（a）路径；（b）收益值和累积权重函数值

图 4.3 基于累积权重函数的占优测试

定义 4.2 给定标号 L_1 和 L_2 进行占优测试，设 L_1 上的状态 $\phi_1 = (i, t_1, C_{\phi_1}, R_1)$ 和 L_2 上的状态 $\phi_2 = (i, t_2, C_{\phi_2}, R_2)$。状态 ϕ_1 占优 ϕ_2 当下列不等式满足，并且至少存在一个不等式严格成立：

$$\begin{cases} t_1 \leqslant t_2 \\ C_{\phi_1} \geqslant C_{\phi_2} \\ R_1 \leqslant R_2 \end{cases} \tag{4.48}$$

若标号中所有的状态都被占优，则可剪枝该路径，在后续的扩展中不再考虑。4.1.2 节介绍的"不可达"节点集合替代已访问节点的改进措施同样可以应用于当前的占优测试中，即采用条件 (4.16) 取代上述节点访问资源判断条件。

给定节点 i 上的前向标号 $L^f = (i, \tau_f, C^f(t), R_f)$ 和后向标号 $L^b = (i, \tau_b, C^b(t), R_b)$，将 L^f 与 L^b 匹配时，可行性判断条件与 4.1.2 节一致。如果匹配可行，拼接而成

的完整路径 l 的累积权重函数为 $C_l(t) = \{C^f(t) + C^b(t) - p_i(t) + \mu_i | \tau_f \leqslant t \leqslant \tau_b\}$，其最大累积权重为 $C_l^{\max} = \max\limits_{t \in [\tau_f, \tau_b]\mathscr{L}} \{C_l(t)\}$。设所有完整路径的集合为 $\mathscr{L}$，当前定价子问题的最优路径为 $l_{\mathrm{opt}} = \arg\max\limits_{l \in \mathscr{L}} C_l^{\max}$，其缩减成本为 $\mathscr{C}(l_{\mathrm{opt}}) = \max\limits_{l \in \mathscr{L}} C_l^{\max} - \sigma$。

4.2.3　定价子问题算法改进

考虑权衡函数的 RCESPP 解空间较大，使用基本的基于 DSSR 的动态规划方法的求解效率非常慢。因此，本节提出了四种有效的算法改进来求解定价子问题，分别是：部分占优准则、标号融合、迂回剪枝策略和自适应方向扩展。

1. 部分占优准则

定义 4.2介绍了两个标号之间的用于状态比较的完全且较为严格的占优准则。只有当被测试的标号中，所有的状态都被占优的情况下，该标号才能被剪枝掉，才能证明该标号所代表的路径不可能通过扩展产生最优路径。特别地，即使采用条件 (4.16)（即 $R_1 + U_1 \leqslant R_2 + U_2$）来替代 $R_1 \leqslant R_2$，该条件仍然过于严格。受 Feillet 等[43] 提出的"不可达"概念的启发，我们提出了一种部分占优准则（partial dominance rule）。以前向扩展为例，其占优判断条件为

$$R_1 + U_1^{\phi_1} \leqslant R_2 + U_2^{\phi_2} \tag{4.49}$$

其中，$U_1^{\phi_1}$ 和 $U_2^{\phi_2}$ 分别代表状态 ϕ_1 和 ϕ_2 因时间资源限制和时间窗约束，标识能否抵达其余未访问节点的二进制向量。$U_1^{\phi_1}(j) = 1$ 表示状态 ϕ_1 对应的路径，若在 ϕ_1 相应的时刻访问当前节点，则无法扩展至未访问节点 j，否则为 0。显然，条件 (4.49) 比条件 (4.16) 更弱，能识别出更多的潜在劣质状态。

图 4.4 展示了部分占优准则作用于两个标号 $L_1 = (i, \tau_1, C_1, R_1)$（粗线）和 $L_2 = (i, \tau_2, C_2, R_2)$（细线）的例子。假设 L_1 访问过节点 j，而 L_2 没有，即 $R_1(j) > R_2(j)$，但对其余节点 $m \in V$，满足 $R_1(m) \leqslant R_2(m)$。不妨设 U_1 和 U_2 均为零向量，根据定义 4.2给出的完全占优准则，L_1 中的状态不可能占优 L_2 的状态。已知 2.1.4 节预处理计算可得到不可达最早时间 $\mathrm{ue}_i(j)$，它表示从节点 i 的该时刻出发不可能抵达节点 j 的最早时间。L_2 中晚于时刻 $\mathrm{ue}_i(j)$ 的状态对节点 j "不可达"，可以看作已经访问过 j，因此删去 L_2 中对应同样时间，但权重比 L_1 相应状态更小的状态（由虚线表示）。下面采用形式化语言对部分占优准则定义。

命题 4.4　给定两个前向标号 $L_1 = (i, \tau_1, C_1, R_1)$ 和 $L_2 = (i, \tau_2, C_2, R_2)$，记 L_1 上的状态 $\phi_1 = (i, t_1, C_{\phi_1}, R_1)$ 和 L_2 上的状态 $\phi_2 = (i, t_2, C_{\phi_2}, R_2)$，$U_{\phi_1}$ 和 U_{ϕ_2} 分别为标识各未访问节点对状态 ϕ_1 和 ϕ_2 是否不可达的二进制向量。ϕ_1 占优 ϕ_2

当且仅当下列不等式满足，并且至少存在一个不等式严格成立：

$$\begin{cases} t_1 \leqslant t_2 \\ C_{\phi_1} \geqslant C_{\phi_2} \\ R_1 + U_{\phi_1} \leqslant R_2 + U_{\phi_2} \end{cases} \tag{4.50}$$

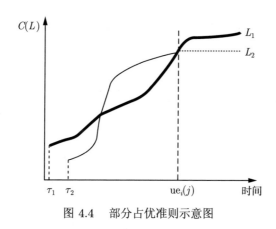

图 4.4　部分占优准则示意图

证明　先证必要性。根据占优定义，若 ϕ_1 占优 ϕ_2，则由 ϕ_2 扩展至其余节点的路径或状态，都能被 ϕ_1 扩展到，并且被其扩展的路径或状态所占优。不妨设节点 k 未被 L_1 访问但 ϕ_1 无法扩展，即 $U_{\phi_1}(k) = 1$。若 $U_{\phi_2}(k) = 0$，则必有 $R_2(k) = 1$。否则，L_2 从状态 ϕ_2 出发可扩展至节点 k，而扩展出的路径无法被 L_1 的状态 ϕ_1 扩展到，占优关系不成立。

再证充分性。由不等式 (4.50) 易证，由 ϕ_2 扩展的节点也都能 ϕ_1 扩展到。设路径 l_{com} 为包含 L_2 对应子路径 l_2 的路径，将子路径 l_2 替换成 L_1 对应子路径 l_1，而不改变 l_{com} 中其余部分路径，得到的新路径 l_{com}^*。根据不等式 (4.50) 可知，若至少存在一个不等式严格成立，则 l_{com}^* 占优 l_{com}，即 ϕ_1 占优 ϕ_2。证毕。

在实现前向扩展的部分占优准则时，若测试 L_1 是否占优 L_2，算法只需检查 L_1 和 L_2 中对应时刻等于或晚于 $\text{UT}^f(L_1, L_2) = \max\{\text{ue}_i(j) | R_1(j) > R_2(j), \forall j \in V\}$ 的状态。若 $R_1 \leqslant R_2$，则令 $\text{UT}^f(L_1, L_2) = \max\{\tau_1, \tau_2\}$，即从两个标号中最早时刻开始比较状态。通过部分占优准则，被测试的标号中，被占优的状态就可以被剪枝。一个标号中所有的状态可能无法被另一个标号中所有状态占优，但可以通过多次的部分占优准则的测试中被多个标号所占优，从而增加了劣质路径被剪枝的可能性。部分占优准则也可以推广至其他带权衡函数的序列调度问题（如

考虑软时间窗的路径优化问题），与权重（或成本）呈现权衡关系的资源可以是时间资源，也可以是容量资源等。

2. 标号融合

一般来说，动态规划算法的求解效率很大程度依赖于生成标号的数量。假设两个标号的资源消耗量（包括节点访问资源）相同，若不考虑累积权重函数，占优测试会剪枝其中权重较小的标号；而在考虑累积权重函数的情况下，若对所有状态均满足占优准则，则剪枝其中被占优的标号，否则可将这两个标号融合成一个标号，标号的状态集合由这两个标号的所有占优状态混合而成。我们将此过程称之为标号融合（merging labels）。如图 4.3所示，将占优的状态（实线标记）合成一个标号。通过标号融合，对应节点访问资源向量 R 的每种组合，最多只有一个标号。需要注意的是，采用这种方法后，每个标号的状态可能源自多条标号，因此可能对应多条路径。在具体实现时，若 $\tau_2 \geqslant \mathrm{UT}^f(L_1, L_2)$，则将 L_2 融合到 L_1 中，这是因为对 L_2 中 $t < \mathrm{UT}^f(L_1, L_2)$ 的状态，不满足占优准则条件，不能用于融合。每次部分占优准则测试之后，对满足融合条件的未扩展的标号进行融合。

3. 迂回剪枝策略

在最近的一份研究[79] 中，研究人员提出了一种脉冲算法（pulse algorithm）来求解 OPTW。该算法的框架是基于深度搜索的分支限界法，其中运用到了一种称为"迂回剪枝策略"（detour prunning strategy）。如图 4.5 所示，这种策略的思想是，当将路径 l 从当前节点 i 扩展至节点 j 时，记抵达 j 的时刻为 t_j，存在另一个迂回路径 $l \cup \{k\} \cup \{j\}$ 也能到达节点 j，其抵达 k 的时刻为 t_k，抵达 j 时刻为 t'_j，若满足 $t_j \leqslant \mathrm{st}_j$ 且 $t'_j \leqslant \mathrm{st}_j$，以及迂回节点 k 在 t_k 时刻的权重 $p_k(t_k) - \mu_k \geqslant 0$，则将 l 无需扩展至 j，这是因为迂回路径能占优该扩展路径。本算法首次将该剪枝策略与基于 DSSR 的动态规划算法结合起来，以达到减少动态规划的计算时间的目的。另外，考虑累积权重函数时，剪枝策略并不是剪枝整条新扩展的路径，而是剪枝新扩展路径中一部分被占优状态。

为实现迂回剪枝策略，需要对任意一对节点 i 和 j，找出所有可行的迂回节点 k。可行迂回是指迂回路径满足时间窗约束，且迂回节点的权重非负。首先，定义 $\mathrm{LT}_{ij}(k)$ 表示若要完成从 i 经过 k 到达 j，节点 i 上标号的最晚开始时间。对同一圈次内任意三个节点 i, j 和 k，在预处理阶段计算该参数。若节点 i 上的路径 l 的最早开始时间 τ 不晚于 $\mathrm{LT}_{ij}(k)$，则迂回路径 $l \cup \{k\} \cup \{j\}$ 是可行的。算法 4.10 阐述了预处理阶段对前向扩展来说参数 $\mathrm{LT}_{ij}(k)$ 的计算方法。

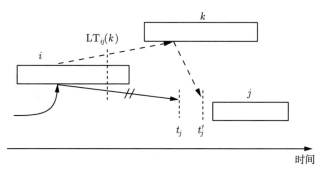

图 4.5 迁回剪枝策略示意图

算法4.10 前向扩展可行迁回参数 $LT_{ij}(k)$ 计算方法

for all $i \in V$ **do**
  for all $j \in V$ **do**
    for all $k \in V \backslash \{s, e\}$ **do**
      $LT_{ij}(k) \leftarrow \infty$;
      if $\text{LatestStartTime}_{jk}(\text{st}_j) \geqslant \text{st}_k$ **then**
        $t_{\text{temp}} = \text{LatestStartTime}_{jk}(\text{st}_j)$;
        if $\text{LatestStartTime}_{ki}(t_{\text{temp}}) \geqslant \text{st}_i$ **then**
          $LT_{ij}(k) \leftarrow \text{LatestStartTime}_{ki}(t_{\text{temp}})$;
        end if
      end if
    end for
  end for
end for

对后向扩展来说，定义 $ET_{ij}(k)$ 为反向扩展时，若要从 i 经过 k 到达 j，节点 i 上标号的最早开始时间，计算方法与 $LT_{ij}(k)$ 对称。

在脉冲算法中，每次扩展当前路径至未访问节点时，需检查其余未访问节点中是否满足迁回可行判断条件，若满足则剪枝当前扩展路径。需要注意的是，相比脉冲算法这类深度搜索框架的算法，基于标号扩展的动态规划算法访问节点或弧的次数往往更多，因此，若在动态规划算法中采用迁回剪枝策略，计算时间的消耗非常大。为此，我们对迁回剪枝策略做出了改进：对于前向扩展，在预处理阶段，对任意两个节点 i 和 j，根据参数 $LT_{ij}(k)$ 由晚至早对迁回节点 k 进行排序，同时剔除权重为负的迁回。动态规划求解时，每次将标号 L 从 i 扩展至 j 时，检查第一个也是 $LT_{ij}(k)$ 最大的迁回节点，若标号 L 的最早时间 $\tau \leqslant LT_{ij}(k)$，则 L 中对应时刻早于 $LT_{ij}(k)$ 的状态可以被剪枝；否则，退出该剪枝步骤。对迁回节点排序的原因在于，若对所有迁回节点 k，对应 $\mathrm{LT}_{ij}(k)$ 最大值的迁回节点不可行，则其余迁回节点必然也不可行。显然，预处理阶段对该参数进行排序，避免了每次扩展都要遍历其余所有迁回节点来检查其可行性，极大地节省了计算时间。

该剪枝策略需要跟 DSSR 技术结合起来，同时保证剪枝策略不会破坏算法的最优性。由于 DSSR 方法允许动态规划对关键节点集合以外的节点多次访问，任意一个节点 $k \in V \setminus \{i, j\} \cup \Theta$ 都可以作为从 i 到 j 路径扩展的迁回节点的候选节点，不管该节点是否已经被访问。需要注意的是，如果节点 k 是关键节点，即使该节点未被路径访问，都不能作为迁回节点，这是时间依赖收益特性导致的。下面对该结论进行形式化的证明。

命题 4.5 考虑时间依赖的转换时间时，若从节点 i 到 j 扩展标号 $L = (i, \tau, C, R)$，设迁回节点为 k，迁回剪枝策略可以成功应用于该扩展，当且仅当同时满足下列条件：

$$\begin{cases} \tau \leqslant \mathrm{LT}_{ij}(k) \\ k \notin \Theta \end{cases} \tag{4.51}$$

且迁回节点 k 至少存在一个可用于迁回剪枝的状态的权重非负。

证明 如图 4.6 所示，给定关键节点集合 Θ，以及当前 DSSR 迭代步的最优路径 l_{opt}（实线表示）。涂色的矩形代表了一个状态，即在某时刻点访问对应节点。路径 l_{opt} 包含了子路径 (i, j, k)，其相应状态序列为 $(\phi_i^0, \phi_j^0, \phi_k^0)$。

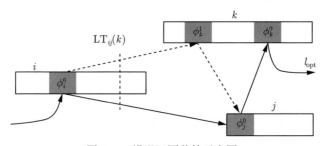

图 4.6　错误迁回剪枝示意图

先证充分性。易证，若同时满足上述三种条件，总能找到一条经过迁回节点 k 的路径比 l_{opt} 的权重更大。

再证必要性。等同于证明对最优路径 l_{opt} 来说，不可能存在同时满足上述三种条件的迁回节点 k。已知状态 ϕ_k^1 的权重非负，否则该剪枝策略不能应用。仅需考虑两种情况：

（1）节点 k 满足 $t(\phi_i^0) \leqslant \mathrm{LT}_{ij}(k)$，其中 $t(\phi_i^0)$ 代表 ϕ_i^0 对应的时刻。若节点 k 为关键节点，路径 l_{opt} 在访问 i 之前未曾访问 k。ϕ_l^1 的权重必然比 ϕ_k^0 要小，

否则 l_{opt} 中状态序列 $(\phi_i^0, \phi_j^0, \phi_k^0)$ 可以被 $(\phi_i^0, \phi_k^1, \phi_j^0)$ 取代，从而获得的权重更大的路径（由于三角不等式成立，j 扩展至其他节点的时间必然比从 j 经过 k 到达其他节点的时间更短）。但根据迂回可行性条件，从 i 到 j 的扩展会被迂回路径 (i, k, j) 剪枝，不可能获得状态序列 $(\phi_i^0, \phi_j^0, \phi_k^0)$ 和最优路径 l_{opt}。因此，k 必然不是关键节点。

（2）节点 k 不是关键节点，若满足 $t(\phi_i^0) \leqslant \text{LT}_{ij}(k)$，必然存在另一条子路径 (i, k, j, k) 占优 (i, j, k)，即状态序列 $(\phi_i^0, \phi_k^1, \phi_j^0, \phi_k^0)$ 占优 $(\phi_i^0, \phi_j^0, \phi_k^0)$，其中 $t(\phi_k^1) < t(\phi_k^0)$。替换该子路径形成的新路径的权重比 l_{opt} 的大，这与最优路径的假设相悖，因此 $t(\phi_i^0) > \text{LT}_{ij}(k)$。

命题 4.5 得证。

在图 4.6 中，若命题 4.5 的判断条件成立，从 i 到 j 的扩展被剪枝，且 $(\phi_i^0, \phi_k^1, \phi_j^0, \phi_k^0)$ 出现在最优路径中，则节点 k 加入关键节点集合，在下一次的 DSSR 迭代中从 i 到 j 的扩展重新被释放。需要注意的是，如果时间依赖收益特性被忽略，即使迂回节点 k 为关键节点，只要 k 未被当前路径访问，且满足迂回可行性条件，就可以应用迂回剪枝，这是因为 ϕ_k^1 和 ϕ_k^0 的权重相同，子路径 (i, j, k) 可以替换成 (i, k, j)，且花费的时间更少。

算法 4.11 给出了计算在应用迂回剪枝策略的情况下，当前标号 L 从 i 到 j 需要扩展的状态的最早时间。首先，按照预处理迂回节点的 $\text{LT}_{ij}(k)$ 值由晚至早的顺序，逐个检查 k 是否为关键节点。若不是关键节点，则检查标号的最早时刻 τ 是否早于 $\text{LT}_{ij}(k)$，若是则返回 $\text{LT}_{ij}(k)$，表示早于该值的状态可不必扩展至 j。若不晚于 $\text{LT}_{ij}(k)$，则算法退出，返回节点 i 的时间窗结束时间，表示当前标号中所有的状态都要被扩展。若 k 是关键节点，则继续按顺序检查下一个迂回节点。

算法 4.11　$\text{DetourPruning}(L, j)$

for all $k \in V \setminus \{i, j\}$ **do**
　if $k \in \Theta$ or $(p_k(t_k) - \mu_k) \geqslant 0$ **then**
　　continue;
　end if
　if $\tau \leqslant \text{LT}_{(i,j)}^k$ **then**
　　return $\text{LT}_{(i,j)}^k$;
　else
　　break;
　end if
end for
return et_i;

4. 自适应方向扩展

以往的研究文献证实了，在通常情况下，双向动态规划算法的效果都会比单向动态规划算法的求解效率要高。一般来说，动态规划生成的标号数量随着扩展步数，也就是访问路径长度的增加呈指数上升的关系。因此，像双向动态规划这样，扩展两个长度更小但相近的子路径所需要的标号数之和，往往要比扩展一条完整路径所需的标号要少[44,80]。然而，初步实验发现，双向动态规划算法在本问题的表现不如单向动态规划算法。图 4.7 展示了双向动态规划在某个卫星单圈规划算例上对于不同扩展终止时刻所需生成的标号数量。纵坐标展示的是生成标号的数量（包括前向和后向），横坐标表示的是整个单圈规划周期内不同扩展终止时刻，其中整个规划周期被划分为 20 个 ΔT。如果算法前后向扩展终止于时刻 0 或 $20\Delta T$，对应的就是单向动态规划算法；否则的话，对应的是在不同终止时间点的双向动态规划。图中不同的曲线代表了不同 DSSR 迭代步内生成的标号数，Iter 表示了 DSSR 的迭代计数。从图中很容易看出，双向动态规划比单向动态规划生成的标号数更多，且随着 DSSR 的迭代，这种差异会越来越明显。这很有可能是因为，为保证算法的最优性，双向动态规划无可避免地在交汇处重复生成一些路径，且不紧凑的资源定界方法（即扩展终止条件）可能会加剧路径重复的现象。而本问题中，累积权重函数的存在，且每个时间窗长度较大，使双向动态规划在交汇处不得不保留大量的重复的状态，所以反而造成了计算资源的浪费。相似的

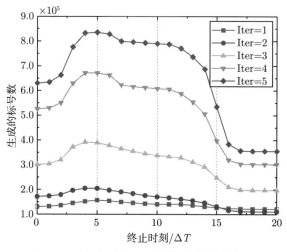

图 4.7   不同扩展终止时刻标号数量变化图

结论也体现在另一份相关研究中[81]。

在图 4.7 中还发现，前向动态规划比后向动态规划要快很多，而且该差异也随着 DSSR 的增加而增加。这种差异的原因很可能是：① 实际应用算例中时间窗的分布往往不是均匀的，这就导致前向和后向扩展的表现很不同；② 关键节点的存在，会极大地增加扩展过程中生成的未被占优标号的数量，同样也会加剧每步扩展需要的时间。特别地，关键节点在整个单圈规划周期的分布情况，也会影响动态规划的效率。例如，若当前 DSSR 迭代的关键节点大多集中在规划周期靠前的位置形成簇时，那么从源节点开始的前向扩展在经过关键节点簇后，每次扩展会生成大量的不能被占优的标号，这是由节点访问资源 R 所决定的。

从以上分析可知，单向动态规划更适合于本问题的求解。然而，动态规划最有效率的方向往往是算例依赖的，也就是说，在未运行动态规划之前，速度更快的扩展方向是未知的。一个可能的最优方向估计方法是，根据算例中时间窗的分布情况，以及当前 DSSR 的关键节点分布情况来决定最优扩展方向。基于这种启发式思想，我们提出了基于 DSSR 的自适应方向动态规划（adaptive dynamic programming based DSSR, ADP-DSSR）算法。图 4.8展示了一个简单的例子，假设当前圈次节点 k 是关键节点，统计其他非关键节点对应时间窗内在节点 k 窗口结束时间之前的时间量之和（记为 ETAmount）以及窗口开始时间之后的时间量之和（记为 LTAmount）。如果 ETAmount>LTAmount，算法执行前向扩展动态规划；否则，执行后向扩展动态规划。算法的基本思想是，标号在关键节点之间扩展会产生大量不能被占优的标号，此时如果存在大量的节点可以被这些标号扩展，那么最终动态规划会生成大量的标号。相反，如果关键节点主要分布在单向扩展的后半段，最终所需生成的标号数较少。计算最优扩展方向算法的伪代码如算法 4.12 所示。在 DSSR 的第一步迭代中，不存在关键节点时，采用以单圈规划周期中点为终止条件的双向动态规划。

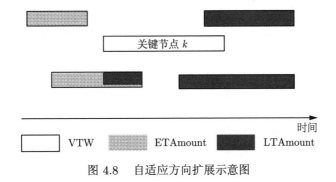

图 4.8　自适应方向扩展示意图

算法 4.12   GetExtensionDirection(Θ)

if $\Theta = \varnothing$ **then**

  return Bidirection;

end if

ETAmount $\leftarrow$ 0, LTAmount $\leftarrow$ 0;

for all $k \in \Theta$ **do**

 for all $i \in V$ **do**

    ETAmount $\leftarrow$ ETAmount + max$\{$min$\{$et$_i$, et$_k\}$ − st$_i$, 0$\}$;

    LTAmount $\leftarrow$ LTAmount + max$\{$et$_i$ − max$\{$st$_i$, st$_k\}$, 0$\}$;

 end for

end for

if ETAmount $\leqslant$ LTAmount **then**

  return Backward;

else

  return Forward;

end if

4.2.4　定价子问题算法框架

算法 4.13 展示了采用 ADP-DSSR 算法求解考虑时间依赖收益的定价子问题。首先，初始化关键节点 Θ，算法进入 DSSR 循环。通过得到扩展方向 (Θ) GetExtensionDirection(Θ) 估计当前最优扩展方向，如果当前关键节点集合 Θ 为空集，则执行双向动态规划，否则根据给出的最优方向执行单向动态规划。标号扩展完成后，通过 MatchProcedure( ) 对前后向标号进行拼接，如果当前迭代执行的是前向（后向）扩展，标号匹配步骤只需检查终止节点 e（初始节点 s）上的标号。最后找出当前迭代所有标号里的所有状态中权重最大的路径 l_{opt}，如果该路径是初等的，算法终止，返回 l_{opt}；否则将重复节点加入关键节点集合中，继续 DSSR 循环。

算法 4.13   ADP-DSSR( )

输入：某圈次的图 G；

输出：最优路径 l_{opt}；

$\Theta \leftarrow \varnothing$；

repeat

 Direction $\leftarrow$ GetExtensionDirection(Θ);

 if Direction = Forward **then**

    $\bar{\Gamma}^f \leftarrow$ ForwardDP( );

    $\bar{\Gamma}^b \leftarrow \varnothing$;

else if Direction = Backward **then**

$\bar{\Gamma}^b \leftarrow$ BackwardDP( );

$\bar{\Gamma}^f \leftarrow \varnothing$;

else

$\bar{\Gamma}^f \leftarrow$ ForwardDP( );

$\bar{\Gamma}^b \leftarrow$ BackwardDP( );

end if

$\mathscr{L} \leftarrow$ MatchProcedure($\bar{\Gamma}^f, \bar{\Gamma}^b$);

$l_{\mathrm{opt}} \leftarrow \arg\min_{l \in \mathscr{L}}\{C(l)\}$;

$\Psi \leftarrow$ FindMultiVisit(l_{opt});

until $\Psi = \varnothing$

返回 l_{opt};

4.2.5　分支定价算法框架

本节采用了 4.1 节介绍的基于分定价算法的求解框架，以及相同的分支策略及搜索方法。由于定价子问题的求解算法已经较为复杂，这里不考虑引入割平面。需要注意的是，4.1.3 节提出的分支策略，为保证可行性，需要对强制某目标必须在某圈次被访问的分支，在该圈次上构造并添加一列，该列对应的调度方案同时访问所有被强制在该圈次访问的目标。对这类构造出的列（包括主问题的初始列），需要运行第 3 章提出的动态规划方法（算法 3.6）评估该列对应的目标序列的最大实际收益，作为该列添加入 RMP 模型的收益值。与时间依赖转换时间型调度的求解不同的是，本问题求解可能会生成调度目标集合相同但顺序不同的列，这是因为考虑时间依赖收益时，同一目标集合，顺序不同，其最大实际收益可能不同。

4.3　本章小结

针对考虑时间依赖转换时间型敏捷卫星调度问题，提出了基于分支定价割平面的精确算法，该算法也是目前为止针对该问题的唯一的精确求解方法。该算法采用了 Dantzig-Wolfe 分解将第 2 章中基于流变量的原问题数学模型转化为以单圈调度方案为列的集合配置（set packing）主问题和求解单圈调度问题的定价子问题。定价子问题可转化为考虑初等约束的资源受限最短路问题（RCESPP），采用基于标号扩展的双向动态规划算法求解。为了减少初等约束对定价子问题求解效率的影响，引入了两种初等约束松弛技术：递减状态空间松弛（DSSR）技术和

ng 路径松弛技术。主问题求解上，采用列生成算法求解主问题的线性松弛模型，推导出敏捷卫星调度模型的拉格朗日上界，提早结束列生成。提出了原始启发式算法构造高质量的初始下界，减少分支搜索树的规模，加速分支搜索效率。引入了经典的 SRI 割平面，减少了线性松弛解的整性间隙，使分支搜索更快找到整数解，根据敏捷卫星调度模型中不同圈次目标可见性不同的特点，优化了 SRI 割平面分离问题的求解。根据模型特点提出了基于可见时间窗的分支策略，数学上证明了该分支策略的收敛性和可行性。

本章研究了时间依赖收益型敏捷卫星调度问题精确求解算法。该算法是基于分支定价的求解框架，采用 Dantzig-Wolfe 分解将原模型转化为主问题和定价子问题。考虑时间依赖收益的定价子问题是一种特殊的资源受限初等最短路问题（RCESPP），其最优路径的目标函数不仅与所选访问节点有关，还与节点的访问时间相关，而针对这类特殊问题，目前并无有效精确解法。针对这一问题，本章提出了高效的近似求解算法，该算法的基本框架为求解一般 RCESPP 的常用算法——基于递减状态空间松弛的双向动态规划（BDP-DSSR）算法，该算法通过标号扩展、占优测试、初等约束松弛等方法求得最优初等路径。为适应时间依赖收益特性，在 BDP-DSSR 算法的基础上，对每个标号定义了累积权重函数，该函数上每个离散的数据点代表了相应路径到达该时刻的最大累积权重，因此该函数值域范围内任一时刻点称为该标号的一个"状态"。基于状态的定义，标号扩展就是将标号中所有状态扩展至新的节点，占优测试就是对同一节点上两个标号中不同状态之间的比较。在上述算法框架的基础上，为提高求解效率，提出了部分占优准则、标号融合、迂回剪枝策略和自适应方向扩展四种算法改进机制，并证明了这些改进不会破坏算法的最优性。改进后的定价子问题算法采用 ADP-DSSR 算法表示。基于 ADP-DSSR 算法，采用分支定价算法可精确求解时间依赖收益型敏捷卫星多圈调度问题。

第5章

实验结果及分析

第 3~4 章分别针对时间依赖转换时间型和时间依赖收益型卫星调度问题提出了启发式算法和精确算法。本章将对上述工作开展数值实验，对所设计的算法的性能进行评估。实验的具体实现方法有：与文献中的已有算法的比较，算法自身设计机制的比较，以及精确算法与启发式算法的比较。

算法实现的语言为 C#，实验环境为 Intel Core i5 2.5GHz 处理器，8GB 内存，Windows 10 操作系统。每个启发式算法的实验结果都是 5 次运行结果的平均值。对算例的预处理所花费的计算时间包含于算法的运算时间以内。若无特别说明，算法的运算时间均以秒为单位进行记录。

5.1 算例介绍

由于不同国家不同敏捷卫星系统的物理设计、能力参数上差异较大，敏捷卫星调度研究中没有统一的通用标准测试算例。不同类型的求解算法所考量的侧重点不同，应使用不同算例进行评价。例如，启发式算法有非常高效的计算优势，可以求解较大规模的算例，更考量求解质量；而精确算法计算复杂度高，考量的一是在可接受时间内尽可能精确求解更大规模的算例，二是在同等规模算例下求解时间尽可能少。

出于上述原因，本实验主要采用了三种算例：① Liu 算例：Liu 等[22] 在其单星调度研究中介绍了一种算例生成方法。其算例中的观测目标是在一个矩形区域内按经纬度均匀随机生成，矩形区域分为中国区域（纬度 3°N～ 53°N，经度 74°E～ 133°E）和全球区域两种。卫星轨道参数见文献 [22]，地理位置数据通过可见性预报和地影剪裁处理成调度模型的标准化输入数据，即每个目标的可见时间窗口及姿态角。每个时间窗的最晚可调度时刻为窗口结束时间减去其相应的成像持续时间。Liu 算例的目标收益从区间 [1,10] 的整数中均匀随机选取，成像持续时间从区间 [15,30] 的整数中均匀随机选取。算例规模从 100~600，步长为 100，一个完整时间窗时长平均为 300s。算例数据的开源网址见文献 [82]。② He 算例：He 等[23] 在其多星调度研究中，采用了与 Liu 算例同样的生成方法，生成了多星调度算例，算例规模为中国区域 100~1000，全球区域 200~2000。然而，作者考虑了每个观测目标有最小成像质量要求，并将算例中窗口进行了剪裁，剪裁后平均长度仅约 150s，因此相对同等规模下的拥有完整时间窗的 Liu 算例更简单。算例数据的开源网址见文献 [23]。③ Peng 算例[82] 采用与 Liu 相同的生成方法，但仅考虑中国区域，算例规模为 50~200，步长为 50。对每个规模，随机生成三个不同的算例，分别用字母 "a" "b" "c" 标识。成像持续时间的选取区间为 [30,50]，收益区间取为 [1,15]。该算例主要用于评估精确算法在中小规模算例上的表现，在这些算例上 CPLEX 均无法在 2h 内求得最优解，因此 CPLEX 不会直接用于与精确算法作比较。

评估启发式算法性能的指标主要为求解质量，即最好解的调度总收益 P_s，或采用比值 P_s/P_t 表示，其中 P_t 表示算例中所有目标的收益之和。在已知算例最优解（或上界）的情况下，该指标可采用最好解的收益 P_s 与最优解 P_{opt}（或上界）的差距（Gap）表示。其次为计算时间，表格中用 CPU 表示，以秒为单位，该数值既取决于启发式算法的算子设计，也取决于其终止条件，即最大迭代次数。而精确算法的性能，主要体现在计算时间上。由于其多次运行的计算时间相近，仅采用一次运行的计算时间。

5.2　时间依赖转换时间型调度问题结果

本节设计的数值实验分别评估了启发式算法和精确算法，并综合比较了启发式和精确算法的性能优劣。此外，由于敏捷卫星调度问题可以看作是 TOPTW 的一个泛化，所提出的精确算法也能直接用于求解 TOPTW。本节还对比了所提出的精确算法和文献中 TOPTW 当前最新精确算法在 TOPTW 标准测试算例上的表现。

5.2.1 评估启发式算法

启发式算法的评估分为两个部分：时间依赖转换时间的影响和与现有启发式算法的对比。第一部分实验考量了在考虑或不考虑转换时间依赖特性时对调度的影响，并且对最小转换时间的预处理方法进行了评估。第二部分实验对比了考虑时间依赖转换时间时，所提出的启发式算法——GRILS 算法与当前最好的启发式单星调度 ALNS[22] 算法和多星调度 A-ALNS[23] 算法。数据表中，列"P_s"代表算法调度的收益，P_t 表示算例中所有目标的收益之和，列"P_s/P_t"表示了调度收益占算例总收益的百分比，列"算例规模"记录了算例的规模，列"Outper"表示 GRILS 算法的求解质量超越 ALNS 算法或 A-ALNS 算法的百分比。

1. 时间依赖转换时间的影响

目前大多数的敏捷卫星调度文献都将转换时间估计为一个常量[11,15,17]，从而忽略时间依赖特性，简化该约束对调度的影响。若估计的转换时间量较为保守，则会使调度算法得到较差的解；若不保守，则有可能得到不可行解。Chen 等[11] 研究将任意两个时间窗间的转换时间固定为一个上界常量，该上界是由最大可能姿态转换角度计算得到。其中，最大俯仰角差等于卫星最大俯仰角的两倍，最大侧摆角差设为 180°，这种侧摆角差的估计方法过于保守。由于一个可见时间窗内侧摆角变化较小，可将两个时间窗在任意时刻的侧摆角差值的最大值作为其估计值。

为评估考虑转换时间的时间依赖特性对调度的影响，实验对比了 GRILS 算法在固定转换时间量和考虑时间依赖转换时间情况下 Liu 算例上的调度结果，如表 5.1所示。本书采用的卫星最大俯仰角为 45°。可以看出，若将转换时间固定为一个保守常量，GRILS 算法的解明显不如考虑时间依赖转换时间时的解，求解质量平均差了 41.51%。因此，研究转换时间的时间依赖特性对敏捷卫星调度来说是非常必要的。

表 5.1 时间依赖转换时间对调度的影响

算例规模	P_t	固定转换时间		时间依赖转换时间		Outper/%
		P_s/P_t/%	CPU	P_s/P_t/%	CPU	
100	571	89.70	11.05	**99.75**	7.99	9.45
200	1053	61.96	35.18	**88.37**	21.37	46.51
300	1474	48.49	61.07	**72.41**	38.13	66.63
400	2065	38.38	107.46	**60.93**	62.75	92.36
500	2683	32.23	153.59	**53.45**	94.02	102.28
600	3231	28.23	192.07	**48.16**	126.48	91.32
平均值		49.83		**70.51**		41.51

注：加黑字体表示性能更佳。

2. 评估转换时间预处理

2.1.4 节给出了最小转换时间预处理算法。通过在预处理阶段计算同一圈次内，任意两个时间窗口之间在任意观测开始时刻对应的最小转换时间，可以节省调度算法求解时多次重复调用转换时间计算函数花费的计算时间。表 5.2 展示了在 Liu 算例上使用和不使用预处理算法，GRILS 算法的计算时间（以秒为单位）。两次实验采用了同样的算法终止条件：内层 ILS 循环的最大迭代次数为 1000。从表中可以看出，将转换时间预处理后，算法整体的求解时间减少了 50% 左右。因此，预处理转换时间能有效提高调度算法的求解效率。

表 5.2   预处理转换时间对计算时间的影响

算例规模	不使用预处理	使用预处理
100	16.87	**10.15**
200	66.93	**30.71**
300	137.09	**56.03**
400	249.91	**106.35**
500	372.10	**169.56**
600	460.14	**213.32**

注：加黑字体表示性能更佳。

2.1.4 节提出的最小转换时间 $\text{mintrans}_{ij}(t_i)$ 仅依赖于前一个任务 i 的观测开始时间 t_i，而实际转换时间 $\text{trans}_{ij}(t_i, t_j)$ 不仅依赖于 t_i，也依赖于后一个任务 j 的观测开始时间 t_j。表 5.3 给出了在 Liu 算例上两种最小转换时间预处理方法以及实际转换时间预处理时的计算时间（以秒为单位）。显然，采用最小转换时间替代实际转换时间，能大幅度减少计算复杂度，简化转换时间约束。此外，利用 FIFO 特性和参数 κ_{upper} 值所提出的顺序检查预处理，计算效率比完全采用二分法预处理要高。

表 5.3   不同转换时间对预处理时间的影响

算例规模	实际转换时间	最小转换时间二分法	最小转换时间顺序检查
100	8.47	0.28	**0.17**
200	32.62	0.91	**0.58**
300	73.37	2.05	**1.20**
400	153.21	3.91	**2.39**
500	233.70	6.25	**3.84**
600	336.35	8.94	**5.27**

注：加黑字体表示性能更佳。

3. 与现有启发式算法的对比

本实验将所提出的 GRILS 算法分别与单星调度 ALNS[22] 算法,以及多星调度 A-ALNS[23] 算法进行了对比,结果展示在表 5.4、表 5.5 和表 5.6。ALNS 算法的实验保留 Liu 等[22] 文献中的最优参数配置,并与最优参数配置下的 GRILS 算法进行了对比,A-ALNS 算法的结果直接采用了文献 [23] 的数据。

表 5.4 显示了在中国区域单星 Liu 算例上,ALNS 算法与 GRILS 算法的对比结果。从 100~600 规模不等的算例结果来看,GRILS 算法的求解质量平均比 ALNS 算法高出 52%,而且求解质量的差距随着算例规模的增加而增大。特别地,对于规模超过 400 的算例,GRILS 算法的调度总收益是 ALNS 的接近两倍。在计算效率方面,GRILS 算法比 ALNS 算法要快上数倍。对于规模为 600 的算例,GRILS 算法平均只花费了 43.4s,这样的计算效率已经完全能满足工程应用中对单星调度的规模要求。GRILS 算法优越于 ALNS 算法的关键,在于其基于“全局松弛量”、能快速可行性检查的插入算子,比 ALNS 算法中基于“局部松弛量”的插入算子表现更优。对某任务序列中某个位置上插入新任务,该位置上“全局松弛量”必然不小于“局部松弛量”,因此更有可能有充足的空间使该插入可行。

表 5.4　中国区域单星 Liu 算例的对比结果

算例规模	P_t	ALNS		GRILS		Outper/%
		P_s/P_t/%	CPU	P_s/P_t/%	CPU	
100	571	91.13	22.06	**99.75**	7.99	9.45
200	1053	60.32	89.69	**88.37**	21.37	46.51
300	1474	43.45	175.65	**72.41**	38.13	66.63
400	2065	31.68	303.85	**60.93**	62.75	92.36
500	2683	26.42	420.61	**53.45**	94.02	102.28
600	3231	25.17	504.08	**48.16**	126.48	91.32
平均值		46.36		**70.51**		52.09

注:加黑字体表示性能更佳。

表 5.5 展示了全球区域单星 Liu 算例的对比结果。由于相对中国区域算例,全球区域算例更为简单,该实验中连续不提高的最大迭代次数设为 50。表中除了 600 规模的算例之外,ALNS 算法和 GRILS 算法基本上都能调度这些算例中所有的目标。这是因为相比于中国区域的算例,全球区域算例内观测目标之间分布更为稀疏,经过全球区域的圈次资源也更多。因此,卫星有足够多的时间资源来“容纳”更多的观测任务。然而,对于 600 规模的算例,ALNS 算法平均仅能获得约 89% 的收益,而 GRILS 算法却能获得接近 100% 的收益。在这些算例上,GRILS 算法的计算时间依然远远少于 ALNS 算法。通过相同规模但不同区域分布的算例

结果横向对比，ALNS 算法在求解这两种算例的计算时间接近，而 GRILS 算法求解全球区域算例的速度明显更快，这反映了算例的复杂程度对求解效率的影响。

表 5.5   全球区域单星 Liu 算例的对比结果

算例规模	P_t	ALNS		GRILS		Outper/%
		P_s/P_t/%	CPU	P_s/P_t/%	CPU	
100	550	**1.0000**	8.02	**1.0000**	4.32	0.00
200	1004	**1.0000**	15.5	**1.0000**	4.49	0.00
300	1622	**1.0000**	31.61	**1.0000**	11.03	0.00
400	2263	0.9963	265.36	**1.0000**	19.93	0.37
500	2693	0.9878	398.91	**1.0000**	29.43	1.23
600	3129	0.8897	621.47	**0.9999**	33.22	12.39
平均值		0.9790		**1.0000**		2.33

注：加黑字体表示性能更佳。

表 5.6 展示了中国区域多星（He 算例）上 GRILS 算法与 A-ALNS 算法的对比结果。所有算例分成了两组：规模为 100~500 和规模为 600~1000，分别代表了中等规模算例和大规模算例。表中展示的是对组内所有算例结果的平均值。列"卫星数"表示该组算例使用的卫星数量。显然，GRILS 算法的求解质量要比 A-ALNS 算法更好，平均高出 30%，而计算时间也更少。相比 A-ALNS 算法，GRILS 算法较优的性能表现，主要原因在于：一方面，根据以上实验结果已经证明，GRILS 算法的表现已经超越了 A-ALNS 的底层单星调度算法，也就是 ALNS 算法；另一方面，A-ALNS 算法的分配方式限制了观测目标在不同圈次上的可调度性。

表 5.6   中国区域多星 He 算例对比结果

卫星数	算例规模	A-ALNS		GRILS		Outper/%
		P_s/P_t/%	CPU	P_s/P_t/%	CPU	
2	100~500	68.29	406.12	**78.63**	8.49	15.14
2	600~1000	30.09	1133.03	**51.60**	34.15	71.50
3	100~500	76.98	172.47	**93.92**	18.41	22.01
3	600~1000	37.49	763.92	**73.18**	58.56	95.19
4	100~500	88.57	172.08	**99.06**	27.10	11.85
4	600~1000	49.72	640.25	**84.14**	74.05	69.23
5	100~500	92.34	128.25	**99.11**	32.85	7.33
5	600~1000	55.54	589.94	**86.59**	86.89	55.91
6	100~500	95.87	87.79	**99.80**	39.64	4.10
6	600~1000	62.79	433.86	**90.58**	101.99	44.26
平均值		65.77		**85.66**		30.25

注：加黑字体表示性能更佳。

5.2.2　评估精确算法

目前在敏捷卫星调度问题研究中仅存在单圈调度精确算法[12]，尚无多圈调度精确算法。为有效评估精确算法的性能，对比实验分为三个部分：① 单圈调度精确算法对比，将基于 DSSR 的双向动态规划（BDP-DSSR）算法与 Chu 等[12] 提出的基于深度优先搜索的隐枚举法；② 对比基于不同松弛技术的多圈调度精确算法，也是本章提出算法的多个版本，即基于 DSSR 的分支定价（BP-DSSR）和基于 DSSR 的分支定价割平面（BPC-DSSR），以及基于 ng 路径松弛的分支定价（BP-ng）和基于 ng 路径松弛的分支定价割平面（BPC-ng）算法；③ 评估本书提出的多种算法改进机制对精确算法求解效率的影响，包括拉格朗日上界、原始启发式和 SRI 分离问题的加速。

1. 单圈调度精确算法对比

单圈调度问题上，本实验对比了基于深度优先搜索的隐枚举法[12] 与基于 DSSR 的双向动态规划（BDP-DSSR）算法。该算法采用了一种前瞻式构造算法来构造初始解，提供一个较好的下界，在深度优先搜索的框架下构造任务序列，并每一步搜索过程中通过 3 种剪枝策略（基于对称性破坏的剪枝，基于部分支配的剪枝和基于定界的剪枝）来判断是否应当剪枝当前搜索的任务序列。该算法采用了基于简单几何关系的卫星调度模拟算例（非轨道预报与可见性计算产生），测试了算法在规模为 30~50 可见时间窗算例上的表现。为方便比较，本实验抽取了其使用的部分算例用于测试第 4 章提出的基于 DSSR 的双向动态规划单圈调度（BDP-DSSR）算法，在计算时间上与隐枚举法直接对比，结果如表 5.7所示。表中每一行，给出了两种算法在 10 个同等规模但不同算例的计算时间平均值（average）和最大值（maxium），平均计算时间最少的数据加粗显示（以秒为单位）。显然，BDP-DSSR 算法在计算时间上比隐枚举法具有非常大的优势，在这些算例上的表现平均要快上 300~400 倍，并且随着算例规模的增大，BDP-DSSR 算法的计算时间增长较平稳。出现如此巨大的差异，一方面是因为初等约束是影响单圈调度问题求解最重要的因素，松弛初等约束能大量减少计算时间；另一方面，双向动态规划算法的路径扩展本身就比基于深度有限搜索的隐枚举法要优，其路径占优策略更为有效。

2. 多圈调度精确算法对比

在多圈调度问题上，本实验评估了多个版本的算法：基于 DSSR 的分支定价（BP-DSSR）和分支定价割平面（BPC-DSSR），以及基于 ng 路径松弛的分支定价（BP-ng）和分支定价割平面（BPC-ng）算法。实验主要采用了两种算例：
① 按成像质量要求剪裁的 He 算例；② 包含完整时间窗的 Peng 算例。

表 5.7　两种单圈调度精确算法对比结果

算例规模	隐枚举法		BDP-DSSR	
	平均值	最大值	平均值	最大值
30	7.57	22.26	**0.04**	0.06
32	7.21	13.65	**0.05**	0.11
34	10.06	21.62	**0.05**	0.07
36	22.35	44.21	**0.11**	0.18
38	18.55	30.50	**0.11**	0.20
40	22.41	44.07	**0.10**	0.18
42	54.53	152.06	**0.10**	0.14
44	31.58	58.13	**0.16**	0.54
46	52.38	185.32	**0.13**	0.23
48	40.58	61.91	**0.19**	0.46
50	69.05	135.38	**0.16**	0.30

注：加黑字体表示性能更佳。

表 5.8 给出了按成像质量要求剪裁后的中国区域 He 算例结果。列"P_{opt}"表示了算例的最优解值，列"Nod"展示了算法分支定界搜索树的规模，列"CPU"给出了以秒为单位的计算时间，计算时间最少的数据加粗显示。算法参数设定如

表 5.8　He 算例上精确求解结果

算例规模	P_{opt}	DSSR				ng			
		BP		BPC		BP		BPC	
		Nod	CPU	Nod	CPU	Nod	CPU	Nod	CPU
100	346	1	**0.29**	1	0.40	1	0.33	1	0.30
200	544	94	21.98	9	**3.31**	64	9.43	15	3.33
300	675	5	4.62	3	4.91	11	**4.54**	11	6.38
400	759	4	8.98	4	15.83	4	**6.26**	62	86.48
500	822	4	32.73	1	24.64	2	**11.56**	2	19.84
600	911	3	43.28	1	49.64	2	**26.07**	1	44.27
平均值			18.65		16.46		**9.70**		26.77

注：加黑字体表示计算时间更少。

下：对 ng 路径松弛的算法，设初始邻域节点集合 $\eta_{min} = 3$；对分支定价割平面（BPC-DSSR 和 BPC-ng）算法，仅在根节点处最多分离一个 SRI 割平面，其余分支节点不考虑分离问题。根据初步实验结果，这些算例较为简单，分支树较小，采用原始启发式只会增加求解时间，因此四种算法均不采用原始启发式算法找到整数可行下界。表中数据显示，综合来说，在该组算例中，BP-ng 算法求解时间最短，而 BPC-ng 算法的求解时间最长。相比 DSSR，ng 路径松弛技术运行效率更高。BPC 算法能有效减少分支定界树的规模，说明 SRI 割平面对本问题来说是非常有效的。但是，BCP 算法在这组算例里表现比 BP 算法要差，这是由于一方面，对大规模算例来说，割平面的分离问题耗时较长；另一方面，加入割平面后的定价子问题求解难度提高，减少分支所节省的时间优势不足以弥补加入割平面后所带来的计算复杂度。综上所示，在相对简单的算例中，BP-ng 的表现最好。

　　表 5.8 中算例是按成像质量要求进行过时间窗剪裁的数据，因此算例相对简单，所提出的精确算法都能在较短时间内求得最优解。而在大多数应用场景中，敏捷卫星调度并不包含成像质量的要求，因此对包含完整时间窗的算例求解更具有实用价值，同时难度也更高。表 5.9 给出了规模为 50~200 的完整时间窗中国区域 Peng 算例的求解结果。对每个规模随机生成 3 个不同的算例。算例名称中的数字代表了算例中目标数，字母标识了不同的算例。算法参数设定如下：对包含 ng 路径松弛的算法，$\eta_{min} = 3$；对 BPC 算法，每个分支节点上最多添加 5 个 SRI 割平面，每次分离问题最多添加 3 个割平面，分支深度大于 5 时不添加割平面，每个节点最多允许同时存在 15 个割平面；根节点的主问题求解完毕后，采用原始启发式（primal heuristic）算法求得高质量的可行下界，加速分支搜索。列 "P_{pri}" 表示了原始启发式求得的下界，采用不同松弛技术的列生成算法得到的下界不同。表中结果显示，总体来说，在规模较大的算例（$\geqslant 150$）上，BPC-ng 算法求解效率最高，在小规模算例（$\leqslant 100$）上，BP-DSSR 表现相对更优。大部分情况下，随着算例规模的增大，SRI 割平面对计算效率的提升越来越明显，分支搜索树规模的减少也越明显。但仍存在少数算例上，BPC 算法效率更低，这是由于分支上的不确定所带来的，即偶然的分支决策可能会"恰好"使分支搜索更快收敛，此时 BP 的分支节点数比 BPC 更少。对比定价子问题的不同初等约束松弛技术，ng 路径松弛技术在面对大规模算例时计算效率比 DSSR 要好，这是因为 DSSR 是 ng 路径松弛的一个特例，ng 路径松弛比 DSSR 更"灵活"，仅对"必要"的弧段限制初等约束，而不像 DSSR 将关键节点的初等限制强加到所有节点上，因此 ng 的计算复杂度更低。需要特别说明的是，定价子问题是强 NP-hard 问题，通过改进初等松弛技术提高子问题的求解效率，对整体问题的求解帮助很大。

表 5.9　Peng 算例上精确求解结果

算例规模	P_{opt}	DSSR						ng					
		BP			BPC			BP			BPC		
		P_{pri}	Nod	CPU	P_{pri}	Nod	CPU	P_{pri}	Nod	CPU	P_{pri}	Nod	CPU
50a	468	468	1	**0.37**	468	1	0.59	468	1	0.45	468	1	0.95
50b	392	392	1	**0.46**	392	1	0.53	392	1	0.91	392	1	0.94
50c	372	372	1	**0.07**	372	1	0.20	372	1	0.30	372	1	0.23
100a	774	774	1	3.81	774	1	**3.57**	767	6	5.22	767	2	5.67
100b	747	740	6	**4.26**	740	4	9.82	740	9	7.02	741	5	9.12
100c	798	798	5	**8.54**	798	1	9.40	796	13	9.94	798	3	14.47
150a	1076	1069	279	545.39	1073	9	118.24	1071	387	430.99	1063	11	**58.48**
150b	938	937	13	43.62	937	4	82.25	937	9	**18.27**	937	4	32.69
150c	1073	1070	651	1657.37	1073	51	589.48	1073	295	446.96	1070	103	**365.97**
200a	1195	1193	2	**30.50**	1195	1	81.63	1193	2	31.29	1195	1	51.90
200b	1133	1129	249	1693.53	1130	17	752.56	1124	61	**225.30**	1130	23	289.67
200c	1134	1127	25	329.86	1132	11	816.25	1129	93	372.47	1127	13	**263.80**
平均值				359.82			205.38			129.09			91.16

注：加黑字体表示计算时间更长。

3. 精确算法改进机制评估

为加速算法求解效率,本算法融合了多种算法改进机制,包括拉格朗日上界加速列生成、原始启发式算法生成初始下界、利用圈次可见性信息加速 SRI 割平面分离问题的求解等。本小节通过设计对比实验,评估了这 3 种算法改进机制对算法求解效率的影响。

拉格朗日上界的终止条件允许列生成算法提前结束,节省了列生成"甩尾效应"所带来的计算时间上的浪费。表 5.10 给出了规模为 50~200 的 Peng 算例上 BPC-ng 算法不使用该终止条件时的计算时间(列"CPU"),以及按终止条件可节省的时间。由表中数据可知,拉格朗日上界能节省相当多的计算时间,且规模越大的算例上表现越明显。

表 5.10　BPC-ng 求解时采用拉格朗日上界节省的时间

算例规模	CPU	节省的时间
50a	0.91	0.00
50b	0.86	0.00
50c	0.22	0.00
100a	4.29	0.16
100b	11.63	1.27
100c	14.93	4.75
150a	95.02	27.15
150b	34.86	5.80
150c	894.56	248.71
200a	53.29	0.00
200b	443.87	182.87
200c	1146.83	648.31

原始启发式(primal heuristic)算法可在进入分支定界搜索之前构造高质量的初始可行下界,从而帮助尽早识别并剪枝劣质分支。表 5.11 展示了规模为 50~200 的 Peng 算例上 BPC-ng 算法使用或不使用原始启发式算法时计算时间对比结果。原始启发式构造的初始解,能有效减少一部分算例求解的分支数以及计算时间,而原始启发式仅消耗非常少的时间。而对其他算例来说原始启发式的影响不大,这是因为深度搜索机制保证了即使初始解质量一般,仍能较快地找到整数可行解。

表 5.11　原始启发式对 BPC-ng 算法的影响

算例规模	使用原始启发式		不使用原始启发式	
	Nod	CPU	Nod	CPU
50a	**1**	0.80	26	2.60
50b	**1**	0.89	34	3.49
50c	**1**	0.23	2	0.22
100a	2	6.06	2	4.73
100b	29	23.62	29	21.61
100c	3	14.31	3	12.77
150a	11	57.54	11	49.73
150b	4	31.87	4	30.72
150c	141	412.11	141	417.09
200a	**1**	44.77	3	69.77
200b	15	235.20	15	223.38
200c	11	220.53	11	228.33

注：加黑字体表示性能更佳。

本算法仅采用了 $|S| = 3$ 和 $r = 2$ 时的 SRI 割平面，即 SR3 割平面，而给定参数的 SRI 割平面分离问题已被证明是 NP-complete[52]。本算法利用不同圈次上目标可见性不同的特性，设计了分离问题求解的加速方法，表 5.12 给出了该加速方法对分离问题求解效率的影响。由于分离问题的求解难度对算例规模大小比较敏感，这里采用的算例是 100~600 规模的时间窗剪裁的算例[23]。需要注意的是，之前的数值实验采用的是启发式求解分离问题，即不要求分离问题求得最优，而这里是精确求解分离问题。列"加速分离方法"和"完全分离方法"分别给出了采用加速和不采用加速时 SRI 分离问题的计算时间（以秒为单位）。显然，加速方法提高了数十倍分离问题的求解效率，极大地减少了引入 SRI 割平面给分支定价算法带来的时间代价。

表 5.12　加速方法对 SRI 分离问题求解效率的影响

算例规模	加速分离方法	完全分离方法
100	**0.02**	0.23
200	**0.13**	5.15
300	**0.42**	16.17
400	**1.89**	66.23
500	**2.97**	111.87
600	**8.09**	278.15

注：加黑字体表示性能更佳。

5.2.3 启发式与精确算法的比较

精确算法的求解结果能通过计算优化间隙来客观地评估启发式方法的求解效果。显然，若优化间隙过大，或在保证一定的优化间隙时求解时间过长，说明该启发式方法的求解效果不理想。此外，基于精确算法衍生出的启发式方法，有时也能获得较好的求解效果。采用列生成算法求解完根节点上的主问题后，通过原始启发式算法就可以快速得到质量较高的解。该方法的好处在于即使最优解未知，也能通过线性松弛上界得到一个优化间隙，在理论上保证了解的质量，这是一般的启发式或元启发式算法无法做到的。此外，这类基于列生成的原始启发式算法的求解质量，很大程度上取决于列的"质量"。若所生成的列，越接近于最优解包含的列，则列的质量越好。因此，基于不同初等约束松弛方法的原始启发式算法获得的解可能不同。

表 5.13 比较了在 Peng 算例上基于 DSSR 和 ng 路径松弛技术的原始启发式算法——CG-DSSR 算法和 CG-ng 算法，以及第 3 章介绍的 GRILS 启发式算法结果以及算例的精确结果。列"Gap"表示启发式解与精确解之间的优化间隙。随着

表 5.13 Peng 算例上 CG-DSSR、CG-ng 和 GRILS 三种启发式对比结果

算例规模	P_{opt}	CG-DSSR		CG-ng		GRILS	
		Gap/%	CPU	Gap/%	CPU	Gap/%	CPU
50a	468	**0.00**	0.36	**0.00**	0.45	**0.00**	0.36
50b	392	**0.00**	0.46	**0.00**	0.91	**0.00**	0.38
50c	372	**0.00**	0.07	**0.00**	0.30	**0.00**	0.30
100a	774	**0.00**	3.81	0.90	3.75	1.50	1.08
100b	747	**0.94**	2.32	**0.94**	3.70	1.77	0.96
100c	798	**0.00**	4.14	0.25	4.86	3.03	1.27
150a	1076	0.65	15.38	**0.46**	11.65	4.24	2.13
150b	938	**0.11**	9.84	**0.11**	9.52	4.07	2.12
150c	1073	0.28	14.88	**0.00**	12.92	3.49	2.34
200a	1195	**0.17**	28.60	**0.17**	30.18	5.51	4.37
200b	1133	**0.35**	26.85	0.79	32.43	3.81	3.33
200c	1134	0.62	77.40	**0.44**	46.77	3.35	3.98
平均值		**0.26**		0.34		2.56	

注：加黑字体表示性能更佳。

算例规模的增大，GRILS 算法的优化间隙越来越大，而本章提出的原始启发式算法的优化间隙仍然维持在非常低的水平，其中 CG-DSSR 启发式算法效果平均表现最好。随着算例规模的进一步增大，GRILS 算法的优化间隙会越来越大，这是一般启发式或元启发式算法无法避免的。在计算时间方面，原始启发式算法的计算时间均要比 GRILS 算法长，但对非精确求解方法来说是可接受的。原始启发式算法在相当一部分算例上已经能得到最优解或近似最优解，而一般启发式算法的解质量是缺少理论保证的。原始启发式算法之所以在求解质量上表现比 GRILS 算法好，主要受益于列生成所产生的列质量较高，其列所对应的单圈调度方案接近于最优解里的方案。

5.2.4　TOPTW 标准算例结果

考虑时间依赖转换时间的敏捷卫星调度问题可以看作是 TOPTW 的一个泛化。因此，BPC 算法也可以求解 TOPTW。目前为止，求解 TOPTW 最高效的精确算法是由 Tae 和 Kim[83] 于 2015 年提出的分支定价算法。为方便区分，将该分支定价算法命名为"BP-TK"算法。该算法与本书提出的 BPC-ng 算法的区别在于：① BPC 算法考虑了有效不等式来强化模型；② ng 路径松弛用于精确求解定价子问题；③ 考虑了拉格朗日上界和原始启发式提高算法效率。需要说明的是，BP-TK 算法也采用了 ng 路径松弛技术，但仅用于启发式求解定价子问题，其精确求解则依赖于效率较差的无初等松弛的双向动态规划。根据初步的实验结果，我们将 Vansteenwegen 等[61] 的 ILS 启发式算法融入 BPC 算法中，用于启发式求解定价子问题。唯一不同的是，由于 BPC-ng 算法应用了 ng 路径松弛技术，我们允许 ILS 算法求解定价子问题时忽略初等约束，即得到的单圈调度方案可能存在重复调度某个观测任务。

TOPTW 标准测试算例包含了两种知名算例：Solomon 算例和 Cordeau 算例。算例中车辆的数量 m 从 2 变化到 4。对每种车辆数的设定，Solomon 算例包含了 29 个算例（c101~c109，r101~r112，rc101~rc108），其中每个算例由 100 个节点组成，因此总共 87 个算例；Cordeau 算例包含了 10 个算例（pr01~pr10），节点数从 48 到 288 不等，总共 30 个算例。Cordeau 算例普遍认为比 Solomon 算例更难，这是因为 Cordeau 算例中，时间窗更宽，问题解空间被约束的程度更轻。这两种算例的数据可以从比利时荷语鲁汶大学 CIB 课题组的算例数据网站得到。

表 5.14和表 5.15分别给出了在 Solomon 和 Cordeau 算例上，BPC-ng 算法和当前最新算法 BP-TK 算法的对比结果。算法的运算时间超过 2h 即终止，输出当前找到的最优下界。列 "P_{opt}" 给出了最优解（加粗显示）或 2h 内的最优下界（非加粗）。若找不到可行下界，则用 "—" 标识。列 "Speedup" 展示了 BPC-ng 算法相比 BP-TK 算法在计算效率上的倍数，即 BP-TK 算法的计算时间除以 BPC-ng 的计算时间。大于 1 的 Speedup 用加粗显示，表示在该算例上 BPC-ng 算法更优。表格最后一行给出了在每种车辆数限定下，算法能找到最优解的算例数。

表 5.14的结果显示，在 87 个算例中，我们提出的 BPC-ng 算法在 65 个算例上的表现超越了 BP-TK 算法，平均 Speedup 达到了 2.4。这种性能表现上的差异主要归功于 SRI 割平面和动态 ng 路径松弛框架的应用。BP-TK 算法中的 ng 路径松弛技术，所采用的邻域节点集合 N_i 是由启发式规则构建，构建完毕后不再变化，基于该松弛技术的动态规划算法只能用于启发式地求解定价子问题。如果该规则不理想，或者集合的规模设定不合适，动态规划得到的列的质量非常差，最终为达到列生成收敛，仍需要花费大量时间在精确求解子问题上。而 BPC-ng 算法能动态地更新邻域节点集合 N_i，每次更新都能提高下一次列生成循环生成的列的质量，使列生成算法更高效地找到最优解。BP-TK 算法在 6 个算例上未能得到最优解，而 BPC-ng 算法则是在 7 个算例未能得到最优解。尽管如此，在未能精确求解的算例中，BP-TK 算法仅能获得 2 个算例的可行下界。而相比之下，BPC-ng 算法中的原始启发式算法能对每个未能精确求解算例都能得到高质量的下界。

表 5.15在 Cordeau 算例上的结果同样说明了 BPC-ng 算法比 BP-TK 算法表现更好，并且性能差异比在 Solomon 算例上更明显。这是因为更宽的时间窗使动态规划算法在精确求解定价子问题上时效率更慢。由于 BP-TK 求解过程中大量地调用了无路径松弛的动态规划，其在 Cordeau 算例上的表现非常差。而受益于动态 ng 路径松弛技术，BPC-ng 算法的动态规划算法在计算效率上的优势非常明显。Cordeau 算例的结果显示，BPC-ng 算法的计算效率平均高出 BP-TK 算法 27.76 倍，最大的 Speedup 数值达到了 272.14。在 30 个 Cordeau 算例中，BPC-ng 算法在两小时内能精确求解 20 个算例，而 BP-TK 算法仅能找到 10 个算例的最优解。

表 5.14　TOPTW Solomon 算例上 BPC-ng 算法与当前最新算法 BP-TK 的对比

算例	m=2 BP-TK P_opt	时间	m=2 BPC-ng P_opt	时间	Speedup	m=3 BP-TK P_opt	时间	m=3 BPC-ng P_opt	时间	Speedup	m=4 BP-TK P_opt	时间	m=4 BPC-ng P_opt	时间	Speedup
c101	**590**	0.6	**590**	0.2	2.43	**810**	4.2	**810**	10.9	0.38	**1020**	3.0	**1020**	9.8	0.31
c102	**660**	6.0	**660**	1.1	5.58	**920**	3323.1	**920**	7200.0	0.46	**1150**	3098.4	**1150**	316.0	9.81
c103	—	7200.0	**720**	6765.5	1.06	**990**	7200.0	**990**	7200.0	1.00	—	7200.0	1210	7200.0	1.00
c104	**760**	636.4	**760**	233.7	2.72	—	7200.0	1030	7200.0	1.00	—	7200.0	1260	7200.0	1.00
c105	**640**	0.7	**640**	0.4	1.72	**870**	1.9	**870**	1.9	0.98	**1070**	6.1	**1070**	2.6	2.37
c106	**620**	8.7	**620**	0.9	9.36	**870**	4.1	**870**	3.3	1.26	**1080**	14.1	**1080**	21.9	0.64
c107	**670**	5.9	**670**	0.6	9.44	**910**	192.8	**910**	61.5	3.14	**1120**	455.9	**1120**	389.2	1.17
c108	**680**	5.1	**680**	1.9	2.73	**920**	1818.8	**920**	1144.0	1.59	**1140**	83.7	**1140**	19.1	4.38
c109	**720**	2.7	**720**	2.2	1.23	**970**	141.9	**970**	16.5	8.57	**1190**	7200.0	**1190**	7200.0	1.00
r101	**349**	0.1	**349**	0.2	0.51	**484**	0.3	**484**	0.4	0.67	**611**	0.4	**611**	0.7	0.61
r102	**508**	7.0	**508**	3.1	2.26	**694**	14.8	**694**	6.3	2.37	**843**	57.2	**843**	39.1	1.46
r103	**522**	52.2	**522**	19.8	2.64	**747**	62.3	**747**	26.0	2.39	**928**	458.4	**928**	287.4	1.59
r104	**552**	45.0	**552**	38.9	1.16	**778**	102.2	**778**	64.4	1.59	**975**	4014.0	**975**	1057.6	3.80
r105	**453**	0.4	**453**	0.4	1.03	**620**	5.2	**620**	3.4	1.53	**778**	24.2	**778**	10.5	2.31
r106	**529**	4.2	**529**	4.6	0.91	**729**	16.5	**729**	6.9	2.39	**906**	93.7	**906**	32.7	2.87
r107	**538**	98.0	**538**	32.3	3.03	**620**	191.0	**760**	99.1	1.93	**950**	369.3	**950**	1035.2	0.36
r108	**560**	56.8	**560**	41.6	1.37	**797**	99.6	**797**	50.9	1.96	**995**	2728.4	**995**	398.8	6.84
r109	**506**	2.0	**506**	1.2	1.73	**710**	4.7	**710**	1.9	2.48	**885**	16.3	**885**	29.0	0.56
r110	**525**	10.1	**525**	2.8	3.65	**737**	12.1	**737**	5.3	2.29	**915**	38.5	**915**	11.0	3.51
r111	**544**	14.8	**544**	7.7	1.92	**774**	26.6	**774**	13.3	2.00	**953**	805.5	**953**	282.2	2.85
r112	**544**	21.5	**544**	21.1	1.02	**776**	233.3	**776**	40.5	5.76	**957**	5874.8	**957**	7200.0	0.82
rc101	**427**	0.2	**427**	21.1	1.04	**621**	0.3	**621**	0.3	0.60	**811**	0.3	**811**	0.6	0.54
rc102	**505**	2.3	**505**	1.5	1.49	**714**	8.2	**714**	2.0	4.18	**909**	10.0	**909**	3.7	2.70
rc103	**524**	3.8	**524**	1.8	2.12	**764**	5.0	**764**	3.8	1.33	**975**	18.2	**975**	12.1	1.50
rc104	**575**	36.1	**575**	10.1	3.59	**835**	310.9	**835**	28.7	10.82	**1065**	131.2	**1065**	59.8	2.20
rc105	**480**	0.5	**480**	0.7	0.77	**682**	0.9	**682**	1.1	0.79	**875**	2.0	**875**	1.9	1.08
rc106	**483**	1.3	**483**	0.8	1.57	**706**	5.3	**706**	1.7	3.05	**909**	1.6	**909**	1.8	0.88
rc107	**534**	3.0	**534**	2.6	1.15	**773**	30.3	**773**	9.1	3.33	**987**	225.8	**987**	48.4	4.66
rc108	**556**	10.4	**556**	5.1	2.04	**795**	43.5	**795**	19.9	2.18	**1025**	101.0	**1025**	41.2	2.45
平均值					2.46					2.48					2.25
性能最佳数	28		29			27		26			26		25		

注：加黑字体表示最优解；"—"表示在有限时间内无法计算出结果。

表 5.15　TOPTW Cordeau 算例上 BPC-ng 算法与当前最新算法-TK 的对比

算例	m = 2					m = 3					m = 4				
	BP-TK		BPC-ng			BP-TK		BPC-ng			BP-TK		BPC-ng		
	P_{opt}	时间	P_{opt}	时间	Speedup	P_{opt}	时间	P_{opt}	时间	Speedup	P_{opt}	时间	P_{opt}	时间	Speedup
pr01	**502**	3.5	**502**	2.1	1.68	**622**	120.9	**622**	5.6	21.69	**657**	1167.2	**657**	4.3	272.14
pr02	**715**	1586.4	**715**	272.2	5.83	—	7200.0	945	1012.1	7.11	—	7200.0	1083	7200.0	1.00
pr03	**742**	125.0	**742**	25.4	4.91	—	7200.0	1014	169.3	42.53	—	7200.0	**1247**	204.7	35.17
pr04	—	7200.0	**928**	95.8	75.18	—	7200.0	**1298**	516.7	13.93	—	7200.0	1583	7200.0	1.00
pr05	—	7200.0	**1103**	666.4	10.80	—	7200.0	1487	7200.0	1.00	—	7200.0	1701	7200.0	1.00
pr06	—	7200.0	**1076**	791.2	9.10	—	7200.0	1518	7200.0	1.00	—	7200.0	1898	7200.0	1.00
pr07	**566**	2.5	**566**	2.4	1.05	**744**	313.2	**744**	47.3	6.62	**876**	4507.3	**876**	159.0	28.36
pr08	—	7200.0	**834**	30.6	235.50	—	7200.0	1142	514.2	14.00	—	7200.0	1389	7200.0	1.00
pr09	**909**	1592.5	**909**	166.9	9.54	**1282**	7200.0	**1282**	506.4	14.22	—	7200.0	1622	7200.0	1.00
pr10	—	7200.0	**1145**	540.0	13.33	—	7200.0	1394	7200.0	1.00	—	7200.0	1794	7200.0	1.00
平均值					36.69					12.31					34.27
性能最佳数	5		10			3		7			2		3		

注：加黑字体表示最优解；"—"表示在有限时间内无法计算出结果。

5.3　时间依赖收益型调度问题结果

时间依赖收益型调度问题，是在时间依赖转换时间型敏捷卫星调度的基础上，额外考虑时间依赖收益衍生出来的。因此该问题的求解沿用了相似的启发式和精确求解框架，只是针对与时间依赖收益部分做出适应性的改变。本实验考量的重点在于这些算法的适应性改变对调度的影响。

5.3.1　评估启发式算法

针对当前问题提出的启发式 BDP-ILS 算法，采用了时间依赖转换时间型调度启发式 GRILS 的内层 ILS 算法框架，但做出了两种适应性改变：① 给定某个可行任务序列，采用动态规划算法评估序列的实际总收益，从而优化每个任务的观测开始时间；② 将双向动态规划嵌入快速插入算子，实现对插入操作的快速评估，从而指引启发式搜索。对 BDP-ILS 算法的评估分别从这两个方面开展。

1. 不同评估方法对实际收益的影响

表 5.16 给出了规模为 100~600 的中国区域 Liu 算例上，多种评估方法对给定任务调度方案的优化效果，即考虑时间依赖收益情况下的实际收益。该方案是由 GRILS 算法求解不考虑时间依赖收益的调度得到的，其总收益显示在表格第二列。随后，将时间依赖收益模型代入方案，采用动态规划、前置时间、后置时间和随机评估的方法对该调度方案进行实际收益的评估，评估的过程也是对方案中调度任务的观测开始时间优化的过程。其中，前置时间评估是将每个任务的最早开始时间对应的收益作为其调度收益，而后置时间评估则是将最晚开始时间对应的收益作为调度收益。随机评估是对每个圈次的任务序列 $\{1,2,\cdots,n\}$，从第一个任务开始，从其最早开始时间 es_1 和最晚开始时间 ls_1 的区间内 $[es_1,ls_1]$ 随机确

表 5.16　不同评估方法的优化效果

算例规模	常规总收益	动态规划评估	前置时间评估	后置时间评估	随机评估
100	563	**384.31**	366.37	365.21	366.36
200	871	**565.11**	559.30	559.01	558.87
300	1015	**653.03**	647.34	647.65	647.43
400	1188	**789.01**	785.91	786.41	785.58
500	1369	**899.00**	893.63	894.16	892.87
600	1463	**963.47**	958.30	955.63	956.86

注：加黑字体表示性能最佳。

定其调度时刻 t_1，得到其调度收益，再计算该时刻对应下一个任务的最早开始时间 $es_2' = \text{EarliestStartTime}_{12}(t_1)$，再从第 2 个任务的可行观测时刻区间 $[es_2', ls_2]$ 中随机确定调度时刻，依次类推，得到解的实际总收益。根据对比结果，对给定任务序列，动态规划评估总能得到最好的实际收益，该收益也是该任务序列所能获得的最大总收益。

2. 不同评估方法对启发式搜索指引的影响

为评估双向动态规划对启发式搜索指引的影响，基于不同的评估方法，我们提出了四种算法作为对照组：双动态规划-自适应大邻域搜索（BDP-ALNS）算法、常规 ILS（Regular-ILS）算法、前置时间 ILS（ES-ILS）算法和单向动态规划-ILS（UDP-ILS）算法。其中 BDP-ALNS 算法是在 Liu 等[22] 提出的 ALNS 算法框架的基础上，每步迭代过程中采用双向动态规划算法评估当前解，用来优化调度任务的观测开始时间。后三种算法都是基于相同的 ILS 算法框架，但采用了不同的评估方法指导解的搜索。

Regular-ILS 算法与 ILS 算法基本一致。每次插入新任务时，以该任务对应的目标收益，作为该插入带来的总收益变化量。此时，时间依赖收益带来的影响被忽略，算法仅倾向于插入目标收益值高的任务，无论该插入是否会使整个序列的最大实际总收益减少。为了更公平地比较求解质量，算法结束前，采用双向动态规划对当前最好解的所有任务序列进行评估，获得解的最大实际总收益。

对于 ES-ILS 算法来说，在插入算子中，新插入的任务以及插入位置后的所有任务都被调度在其最早开始时间，并更新序列的总收益。这种将观测开始时间尽可能早安排的方法又被称为时间前置策略，经常被用于卫星调度方面的工程应用中。与 Regular-ILS 算法相同，算法结束前用双向动态规划评估当前最好解。

UDP-ILS 算法只采用了前向递归（ForwardRecursion( )）来单向递推更新前向累积收益函数，不需要反向递推更新后向累积收益。由于缺少后向累积收益信息，每次插入新任务后，插入位置之后的任务都需要更新前向累积收益来获得当前序列的最大观测总收益，这与 BDP-ILS 算法只需更新插入任务的前向后向累计收益不同。

为了公平地比较各评估方法的作用，本次对比实验采用了固定的最大迭代次数作为算法终止条件。最大迭代次数设为 200，时间步长 $T_{\text{step}} = 1s$。表 5.17 和表 5.18 分别给出了各评估方法在中国区域 Liu 算例和全球区域 Liu 算例的优化结果对比。

表 5.17   中国区域 Liu 算例不同评估方法结果对比

算例规模	BDP-ALNS		Regular ILS		ES-ILS		UDP-ILS		BDP-ILS	
	P_s/P_t	CPU	P_s/P_t	CPU	P_s/P_t	CPU	P_s/P_t	CPU	P_s/P_t	CPU
100	0.67	3.26	0.69	1.63	0.77	7.71	**0.86**	34.51	**0.86**	**8.77**
200	0.41	5.14	0.54	6.43	0.62	41.29	**0.71**	186.83	**0.71**	**33.13**
300	0.32	8.25	0.42	15.15	0.50	69.38	0.57	221.92	**0.58**	**50.87**
400	0.25	9.01	0.36	31.88	0.43	120.02	0.50	453.31	**0.51**	**100.91**
500	0.19	10.61	0.31	55.52	0.37	180.81	**0.43**	708.01	**0.43**	**166.76**
600	0.16	14.20	0.28	79.91	0.33	250.67	**0.39**	953.30	**0.39**	**228.01**
平均值	0.33		0.43		0.50		0.57		**0.58**	

注：加黑字体表示性能更佳。

表 5.18   全球区域 Liu 算例不同评估方法结果对比

算例规模	BDP-ALNS		Regular ILS		ES-ILS		UDP-ILS		BDP-ILS	
	P_s/P_t	CPU	P_s/P_t	CPU	P_s/P_t	CPU	P_s/P_t	CPU	P_s/P_t	CPU
100	0.94	6.09	0.84	2.57	0.83	5.51	**0.96**	29.05	**0.96**	**11.15**
200	0.88	10.89	0.82	2.48	0.80	6.58	**0.97**	43.96	**0.97**	**16.04**
300	0.87	18.01	0.78	5.54	0.80	17.81	**0.96**	126.40	**0.96**	**32.29**
400	0.87	27.02	0.77	9.42	0.79	31.55	**0.95**	220.57	**0.95**	**49.65**
500	0.82	33.46	0.73	14.55	0.79	55.09	**0.95**	398.21	0.94	**74.97**
600	0.72	34.46	0.70	17.46	0.76	78.83	**0.91**	558.68	**0.91**	**89.90**
平均值	0.85		0.77		0.80		**0.95**	**0.95**		

注：加黑字体表示性能更佳。

不管是中国区域算例还是全球区域算例，BDP-ILS 算法和 UDP-ILS 算法的求解质量都比其他三种对比算法好，这说明了双向动态规划能有效评估解的质量，优化调度任务的观测开始时间，为搜索方向提供指引。不过，采用动态规划评估方法必然会导致计算时间的增加。BDP-ILS 算法和 UDP-ILS 算法只是递推方向有所不同，因此求解质量接近，但 BDP-ILS 算法的计算时间明显要比 UDP-ILS 算法少，这体现了双向递推动态规划的优势。对于中国算例，BDP-ALNS 算法结果比其他算法都要差，这说明即使 BDP 算法有较好的评估解的效果，ALNS 算法的插入算子没有 ILS 里基于"全局松弛量"的插入算子的效果好，但是在全球算例上，BDP-ILS 算法的总收益比 Regular-ILS 算法和 ES-ILS 算法要略高，这是因为全球算例中大部分目标都能被调度，不同的插入算子对优化效果的影响不大，而双向动态规划却能有效提升优化目标。

3. 不同时间步长优化结果对比

求解时间依赖收益型调度问题，时间步长参数 T_{step} 是对求解质量和计算效率的权衡取舍。T_{step} 越大，算例最优解质量越低，但解空间的缩小会减少动态规划评估所消耗的计算时间。本节讨论了中国区域算例（标识为"A"）和全球区域算例（标识为"W"）上不同时间步长 T_{step} 对优化结果的影响。表 5.19 展示了当 T_{step} 取不同值时，CPLEX 求得的最优解值，以及 BDP-ILS 算法启发式解与最优解值的差距 Gap(%)。面对 T_{step} 小于 5s，规模为 50 的算例，或者规模为 100，T_{step} 为 5s 的全球算例，CPLEX 都无法在有限时间内求得最优解。从表中结果可以看出，随着 T_{step} 从 5s 增大到 10s，最优解的质量只下降了很少一部分，而 BDP-ILS 算法的 Gap 数值仍然很少。以上数据说明了，T_{step} 增加，算例最优解质量减少不多，而且 BDP-ILS 算法的求解质量仍然能维持较高水平，这在全球区域算例这类简单的算例表现得更为明显。这启发我们，在工程应用中，若对解质量要求不高但对求解效率要求高，可采用较大的 T_{step} 来求解。

表 5.19 不同时间步长 T_{step} 对优化结果的影响

算例规模	CPLEX				BDP-ILS					
	$T_{\text{step}} = 5$		$T_{\text{step}} = 10$		$T_{\text{step}} = 1$		$T_{\text{step}} = 5$		$T_{\text{step}} = 10$	
($|T|$)	P_s	CPU	P_s	CPU	P_s	CPU	Gap	CPU	Gap	CPU
50_A	252.19	115.83	250.13	19.77	248.20	1.84	2.25	0.42	2.28	0.26
100_A	494.93	2429.01	488.99	388.31	486.86	4.61	2.11	1.00	2.49	0.63
50_W	242.10	21.26	241.25	5.11	242.97	1.21	0.34	0.34	0.27	0.23
100_W	—	—	527.58	1112.28	529.18	4.90	—	1.06	0.79	0.70

5.3.2 评估精确算法

与时间依赖转换时间型敏捷卫星调度问题相比，额外考虑时间依赖收益时的精确算法仅在定价子问题上有所差异。评估该问题的精确算法性能，重点在于定价子问题的求解上，也就是单圈调度问题的求解。因此，本实验着重于单圈调度问题的精确 ADP-DSSR 算法的性能分析，比较了多种算法改进机制对算法求解效率的影响。其次，从单圈调度和多圈调度两个方面比较了基于分支定价的精确算法、基于列生成的原始启发式算法和第 3 章介绍的启发式 BDP-ILS 算法。

本实验求解的算例是规模为 100~600 的完整时间窗的中国区域 Liu 算例，时间步长为 5s。对每个算例，提取出单个圈次上的算例数据，从而形成多个单圈调度算例。

为评估所提出的算法改进对动态规划算法的影响，设计了两个对比试验。第一个实验对比了完全版本的 ADP-DSSR 算法与分别移除了部分占优准则（partial）、标号融合（merging）和迂回剪枝策略（detour）的版本，结果展示于表 5.20 中。表中每一行的数据代表的是当前单星算例中在每个圈次运行精确算法得到的平均值，因此 N_t 表示的是该算例所有圈次的可见时间窗口数的平均值。表中所有算例都能被精确求解，因此表格仅展示了不同算法运行时间的对比结果（以秒为单位），记为 CPU。对每个移除改进措施的算法，计算其运行时间与完全版本算法的差异比率，记为 T_{dif}。其计算公式为

$$T_{\text{dif}} = \frac{\text{time}_{\text{prop}} - \text{time}_{\text{var}}}{\text{time}_{\text{prop}}} \tag{5.1}$$

其中，$\text{time}_{\text{prop}}$ 表示完全版本的 ADP-DSSR 算法的运行时间，time_{var} 表示移除了相应算法改进后的运行时间。该比率为正值时，代表 ADP-DSSR 算法求解更快，为负值代表移除算法改进后的算法求解更快。

表 5.20 的结果显示，完全版本的 ADP-DSSR 算法在这几种算法中求解效率更高，这说明这三种算法改进机制都很有效。其中最有效果的是标号融合，采用了该算法改进后，计算时间快了接近 8 倍。原因可能在于，在考虑权衡函数的情况下，算法生成的大量标号由于对应时刻不同，很多状态不能相互占优，但是可融合呈数量更少的标号，从而减少最终需要扩展的路径数。部分占优准则能平均提升 70% 的求解效率，是因为相比于定义 4.2 给出的完全占优准则，部分占优准则能识别并移除更多的劣质状态。表中数据还说明，通过迂回节点排序的方式将迂回剪枝策略与基于 DSSR 的动态规划算法相结合，能有效减少需要扩展的路径数。

表 5.20   三种算法改进对 ADP-DSSR 的影响

算例规模	N_t	ADP-DSSR		移除部分占优准则		移除标号融合		移除迂回剪枝策略	
		CPU		CPU	T_{dif}	CPU	T_{dif}	CPU	T_{dif}
300	65.38	**1.98**		2.89	-0.60	13.35	-4.97	2.56	-0.47
400	89.50	**1.52**		2.62	-0.88	11.95	-7.63	2.36	-0.41
500	115.00	**2.33**		3.39	-0.58	21.55	-8.42	3.58	-0.39
600	137.38	**2.83**		5.36	-0.72	30.35	-10.78	4.24	-0.37
平均值					-0.70		-7.87		-0.41

注：加黑字体表示计算时间更短。

第二个实验比较了不同扩展方向动态规划算法：自适应方向动态规划（adaptive DP）算法，前向动态规划（forward DP）算法，后向动态规划（backward

DP）算法和终止时刻为规划周期中点的双向动态规划（bidirectional DP）算法。这几种动态规划都使用了 DSSR 技术，同样的关键节点插入策略。

表 5.20展示的结果显示，大部分的单圈算例都能在 3s 之内求解。为了更清晰地比较出不同扩展方向的结果差异，我们生成了目标分布更紧密的高密度算例，目标生成区域限定在四分之一个中国区域（纬度 28°N～53°N，经度 103°E～133°E），并将时间步长取为 1s。表 5.21展示了规模分别为 500 和 600 的高密度算例在不同圈次上的结果。算例名称由"$|T|\_|V|$"表示，其中 $|T|$ 表示多圈算例的观测目标数，$|V|$ 表示其在某个圈次上的可见时间窗口数。表中每一行展示了相应单圈算例在不同扩展方向的动态规划算法的计算时间（以秒为单位）。

表 5.21   不同标号扩展方向对动态规划算法的影响

算例	adaptive DP	forward DP		backward DP		bidirectional DP	
	CPU	CPU	T_{dif}	CPU	T_{dif}	CPU	T_{dif}
500_38	2.17	7.39	−2.41	**1.76**	0.19	3.18	−0.47
500_391	149.35	**135.02**	0.10	139.04	0.07	243.32	−0.63
500_60	64.66	**13.96**	0.78	163.98	−1.54	49.73	0.23
500_117	25.62	279.09	−9.89	**22.31**	0.13	440.84	−16.21
500_385	133.50	**108.46**	0.19	168.63	−0.26	261.29	−0.96
平均值	**75.06**	108.79	−0.45	99.14	−0.32	199.67	−1.66
600_71	12.18	10.76	0.12	**5.67**	0.53	12.65	−0.04
600_476	**686.17**	1464.24	−1.13	709.65	−0.03	2244.74	−2.27
600_62	29.33	**18.03**	0.39	232.80	−6.94	139.44	−3.75
600_144	141.15	**57.35**	0.59	136.50	0.03	208.94	−0.48
600_441	251.82	**193.06**	0.23	682.44	−1.71	968.23	−2.85
平均值	**224.13**	348.69	−0.56	353.41	−0.58	714.80	−2.19

注：加黑字体表示计算时间更短。

表 5.21中结果说明，在所有动态规划算法中，双向动态规划算法表现得最差。正如 4.2.3 节所述，这是由于双向扩展无可避免地会产生重复的路径。此外，前向动态规划和后向动态规划的求解效率在不同的算例表现差异较大。例如，在算例"500_117"上，前向动态规划需要花费 279.09s，但后向动态规划仅需 22.31s；而在算例"600_62"上，前向仅需 18.03s，而后向却需要 232.8s。这说明，如果标号扩展的方向选错，会导致大量计算时间的浪费。显然，算例结果显示，最优扩展方向是算例依赖的，没有一定占优的扩展方向。但是，对于大部分的算例，自适应方向的动态规划的计算时间虽然无法超越前向和后向动态规划中最短的计算

时间，但非常接近该数值。平均来说，自适应方向动态规划要比前向动态规划在规模为 500 的算例上要快 45%，在规模为 600 的算例上要快 56%。相似地，相比于后向动态规划，自适应动态规划在规模为 500 算例上要快 32%，在规模为 600 算例上要快 58%。尽管在单圈算例"500_391"，"600_71"和"600_144"上，自适应方向动态规划的表现较弱，但这种差距非常有限。由上述比较可知，自适应方向的扩展可以视作较为保守但是对本问题及算例来说非常有效的一种方法。对这些数据进一步的分析显示（表 5.21未展示），自适应方向的动态规划仅比最优扩展方向（从前向和后向中取最快）的动态规划要慢 15%，但比取其相反扩展方向的动态规划要快 120%。

5.3.3　启发式与精确算法的比较

第 3 章中介绍了求解时间依赖收益型敏捷卫星调度启发式算法，即 BDP-ILS 算法。本节分别从单圈调度和多圈调度两个方面比较了启发式 BDP-ILS 算法与所提出的精确算法。其中，单圈精确调度算法为 ADP-DSSR 算法，而多圈精确算法为 BP-DSSR 算法。BDP-ILS 算法既可求解多圈规划问题，也能直接适用于单圈算例上。

测试算例分别选取了 300～600 的中国区域 Liu 算例，并选取单圈窗口最多的四个圈次的数据，时间步长设置为 5s 算例名称标注与表 5.21 一致。P_{opt} 表示 ADP-DSSR 算法精确解的目标值，P_s 表示 BDP-ILS 的启发式解的目标值，Gap 显示了求解质量的差异百分比。

表 5.22 中结果可以看出，在这些算例上，ADP-DSSR 精确算法跟 BDP-ILS 启发式算法的计算时间接近，但是 BDP-ILS 仅在算例"300_102"上获得了最优解。在算例"300_100"，"400_156"和"500_186"上，ADP-DSSR 精确算法计算更快，而 BDP-ILS 启发式算法求解质量的 Gap 却超过了 3%。值得一提的是，即使在规模为 600 的算例上，其单圈可见时间窗超过了 200 个，但 ADP-DSSR 算法依然能在 10s 内得到最优解。

求解多圈调度问题时，将 ADP-DSSR 作为定价子问题的求解算法，嵌入分支定价（BP）算法框架，求解时间依赖收益型敏捷卫星多圈调度问题。为避免浮点计算公差影响到最优解，统一将每一时刻的实际收益省略到小数点后 4 位。

表 5.23 展示了在规模为 100～600 的 He 算例上精确求解结果，其时间窗口被剪裁过。实验比较了分支定价精确算法（BP）与第 4 章介绍的启发式算法基于双向动态规划的迭代局部搜索（BDP-ILS），BDP-ILS 求得的解与精确解之间的差距显示在列"Gap"上。表中数据表明，这些算例都能在较短时间内求得最优解，

BDP-ILS 算法也能取得较好的求解质量。而随着算例规模的增大，BDP-ILS 算法求解质量会逐渐下降，最优间隙越来越大，但计算时间的增加较小。相反，BP 精确算法求解时间增加较为明显，但相对算例规模来说，求解效率已经非常高。

表 5.22 ADP-DSSR 精确算法与 BDP-ILS 启发式算法的单圈调度结果

算例规模	ADP-DSSR 精确算法		BDP-ILS 启发式算法		Gap/%
	P_{opt}	CPU	P_s	CPU	
300_100	157.47	0.91	151.75	1.32	3.63
300_102	179.18	2.47	179.18	1.52	0.00
300_106	165.59	1.83	165.39	1.36	0.12
300_120	181.53	1.79	177.92	1.56	1.99
400_136	193.81	3.19	188.79	2.27	2.59
400_143	198.95	1.59	193.27	2.68	2.85
400_152	195.98	2.48	195.07	2.52	0.46
400_156	194.01	1.46	185.28	2.97	4.50
500_183	206.22	4.54	201.87	3.85	2.11
500_186	191.97	2.66	184.50	4.13	3.89
500_191	220.61	4.00	219.05	4.29	0.71
500_197	224.34	4.51	222.20	4.36	0.95
600_209	217.64	1.42	209.24	4.35	3.86
600_222	227.24	4.12	222.64	4.54	2.02
600_229	227.63	5.57	223.76	5.88	1.70
600_236	213.83	8.55	210.42	5.80	1.59

表 5.23 He 算例的时间依赖收益多圈调度结果

算例规模	BP-DSSR 精确算法		BDP-ILS 启发式算法	
	P_{opt}	CPU	Gap/%	CPU
100	299.3885	0.28	1.48	0.27
200	473.7079	1.54	3.97	0.86
300	581.2295	3.67	5.72	1.36
400	644.3041	26.94	5.32	2.36
500	694.4417	20.91	7.19	3.73
600	775.6014	19.93	6.05	4.53
平均值			4.96	2.18

表 5.24 展示了在规模为 50~200 的 Peng 算例上精确求解结果，对比了 BP 精确算法与基于列生成的原始启发式（CG-DSSR）算法，以及 BDP-ILS 启发式算法。其中基于列生成的原始启发式算法对应于 4.1.3 节介绍的方法，即在根节点上利用列生成求解后，采用启发式方法固定其线性松弛解的某些列，继续求解列生成，最终得到一个高质量的可行解。由于完整时间窗算例较难，往往要求较多的分支搜索才能找到最优解，这里的 BP 算法结合了原始启发式算法的解，作为分支搜索的初始下界。表中结果显示，基于列生成的原始启发式的求解质量略高于 BDP-ILS 算法，两者与最优解的 Gap 均不超过 3%，但原始启发式的计算时间随算例规模的增加变化较为明显，而 BDP-ILS 变化不明显。BP 精确算法与原始启发式的对比可以看出，对大部分算例，通过原始启发式算法即可得到最优或近似最优解，BP 的计算时间也不长。然而对于某些较难的算例，如"150b"和"200b"，分支定价算法求解较慢，这是因为，一方面，原始启发式算法提供的下界 Gap 较大，初始解质量不高，另一方面，考虑时间依赖收益特性时，分支出来的子节点的线性松弛上界变化幅度较小，分支搜索收敛较慢。

表 5.24　Peng 算例上时间依赖收益多圈调度结果

算例规模	BP-DSSR 精确算法		CG-DSSR 启发式算法		BDP-ILS 启发式算法	
	P_{opt}	CPU	Gap/%	CPU	Gap/%	CPU
50a	427.2989	4.90	**0.01**	0.32	1.17	0.70
50b	344.7833	4.37	**0.15**	0.10	0.78	0.64
50c	342.7967	0.58	**0.00**	0.29	0.66	0.44
100a	635.0113	32.72	**0.10**	2.66	1.49	1.92
100b	603.7004	32.83	**0.99**	2.46	1.79	1.40
100c	641.9596	10.41	**0.00**	11.31	1.60	1.67
150a	803.4318	195.03	**1.03**	8.86	1.13	4.73
150b	704.9232	2814.09	**0.57**	34.16	1.53	4.40
150c	829.4017	88.98	**0.00**	8.24	1.98	3.35
200a	906.5683	145.86	**0.00**	5.71	2.21	5.82
200b	887.8872	1249.28	**0.41**	16.49	1.78	6.57
200c	888.0733	319.89	**0.33**	1.07	2.21	5.29
平均值		408.25	**0.30**	7.64	1.53	3.08

注：加黑字体表示性能更佳。

5.4 本章小结

本章针对第 3~4 章提出的启发式和精确算法进行了性能评估,根据两个研究问题分别开展对比实验。

(1)针对时间依赖转换时间型敏捷卫星调度问题,提出了基于贪婪随机迭代局部搜索的启发式 GRILS 算法和基于分支定价割平面的精确算法。

对于启发式算法,实验比较了考虑转换时间的时间依赖特性和固定转换时间对调度结果的影响,结果表明考虑时间依赖转换时间能提高调度收益。其次,实验验证了最小转换时间预处理方法能大幅度减少考虑实际转换时间时所花费的计算时间,从而提高算法求解效率。最后,比较了 GRILS 算法与文献中最新的单星调度 ALNS[22] 算法和多星调度 A-ALNS[23] 算法的表现,所提出的 GRILS 算法无论在求解质量还是计算效率上,都大幅领先于这两种算法。

精确算法的评估分为三个部分:单星调度精确算法对比、多星调度精确算法对比和算法改进机制的评估。在单星调度上,实验结果表明基于 DSSR 的双向动态规划算法比之前文献中的单圈调度精确算法(基于深度搜索的隐枚举法[12])的计算效率快上几百倍。在多圈调度上,由于文献缺乏可比较的算法,实验对比了本书所提出的算法的多个版本。实验发现,基于 ng 路径松弛的分支定价割平面(BPC-ng)算法在规模较大的算例上效果最好。通过多种对比实验验证了精确算法中应用的多种改进机制如拉格朗日上界、原始启发式算法以及 SRI 分离问题加速方法,能有效提高精确算法的求解效率。

实验对比了求解相同算例时,启发式算法和精确算法的性能表现。基于分支定价割平面的精确算法能几百秒内求解规模为 200 的中国区域算例,表现出优异的求解效率。启发式算法方面,基于列生成的原始启发式算法的求解质量比 GRILS 算法高,但计算效率方面 GRILS 算法更有优势。随着算例规模由 50 增至 200,精确算法求解时间大幅增加,但基于列生成的原始启发式仍能在较短的计算时间内获得非常高质量的解,这说明大部分的计算资源花费在证明解的最优性的。

(2)针对时间依赖收益型敏捷卫星调度问题,提出了基于双向动态规划-迭代局部搜索(BDP-ILS)的启发式算法和基于分支定价的精确算法。

BDP-ILS 启发式算法是在迭代局部搜索(ILS)算法的基础上,引入双向动态规划方法对给定任务序列进行评估,确定任务的观测开始时间,从而得到实际总收益。对该算法的评估,重点在于对双向动态规划算法的性能评估。实验提出了多种不同评估方法作为参照,从评估方法对实际收益的影响和对启发式搜索指引两个方面,比较了各评估算法的优劣。结果表明,一方面,动态规划能有效评估解的实际总收益，另一方面，双向动态规划能正确指引启发式搜索方向，使算法能找到质量更高的解，同时其双向递推的方法保证了较高的求解效率。

精确算法方面，实验主要考量具有时间依赖收益特性的定价子问题，即单圈调度问题的求解，提出了一种基于递减状态空间松弛的自适应方向动态规划（ADP-DSSR）算法来精确求解该定价子问题。由于该问题无可比较的精确算法，实验根据所提出的用于提高求解效率的四种算法改进机制（部分占优准则、标号融合、迂回剪枝策略和自适应方向扩展）设计了两组对比实验。实验结果证明，这四种改进机制都能有效提高 ADP-DSSR 的求解效率，并且不会破坏算法的最优性。

实验从单圈调度和多圈调度两个方面对比了启发式与精确算法。单圈问题上，ADP-DSSR 精确算法能在 10s 内求解单圈 200 个左右时间窗口的算例，BDP-ILS 启发式算法能在 5s 左右求得优化间隙 Gap 不超过 3% 的解，这充分说明在求解单圈调度问题上，ADP-DSSR 算法已经能达到较高的效率，能成功地应用于列生成算法求解中。在多圈调度上，精确算法能在几百秒内求解大多数规模不超过 200 的算例，但对于某些少数算例需要花费大量时间在分支搜索上，这是由于考虑时间依赖收益的情况下，分支导致的子节点的上界变化较小，分支搜索需要遍历大量的节点。由于避开了分支搜索，原始启发式能在较短时间得到近似最优解，实验的算例的优化间隙不超过 0.5%，而 BDP-ILS 启发式算法只能得到 Gap 不超过 3% 的解，但求解效率更高。

第6章

结论与展望

敏捷光学对地观测卫星不仅具备了传统光学卫星覆盖范围广、信息获取准确、不受地域国界限制等优势，还具备比传统光学卫星更强的敏捷机动能力和观测成像能力，可以被应用于自然灾害监测和响应、地质勘探、战场形势侦察、环境保护等各个领域，是未来航天装备发展中必不可少的一环。而随着观测成像任务需求的爆炸性增长，如何利用有限的卫星资源，最大化地提高敏捷卫星侦察系统的使用效能，是各国卫星研究领域的热点问题。

目前，敏捷卫星调度问题研究已经获得了不少学者的关注，但仍存在有一些不足之处。从问题层面上看，转换时间的时间依赖特性，以及时间依赖收益特性，是当前研究文献中鲜少触及的空白，而这两个问题特点对卫星的使用效能，以及卫星成像质量的优化有着不可忽略的影响，具有较大的军事和商业应用价值。从算法层面上看，目前敏捷卫星调度研究大多集中在启发式算法上，鲜少有人提出精确求解算法，这是因为一方面精确算法的设计相较启发式算法更难，另一方面敏捷卫星调度问题本身就具有较高的复杂度。本书在现有研究成果的基础上，对时间依赖转换时间型敏捷卫星调度问题和时间依赖收益型调度问题，分别提出了启发式求解算法和精确求解算法。

6.1 本书工作总结

本书的主要工作体现在以下 5 个方面：

（1）对敏捷卫星调度问题中转换时间的时间依赖特性建模分析，构建了时间依赖收益型敏捷卫星调度的整数线性规划模型。

本书第 2 章基于分段线性连续函数形式的姿态转换时间计算公式，推导并证明了其服从先进先出规则和三角不等式规则，为求解算法的设计奠定理论基础。在此基础上，提出以"最小转换时间"替代模型中的实际转换时间，降低了问题的复杂程度，并提出了最早开始时间和最晚开始时间、不可达最早时间和不可达最晚时间的概念，用于最小转换时间和后续优化算法的预处理，极大地减少了调度算法调用转换时间计算公式所消耗的计算时间。首次对敏捷卫星调度的时间依赖收益特性进行了建模，将其作为优化调度的目标函数，构建了时间依赖收益型敏捷卫星调度模型，将其线性化为整数线性规划模型。求解该模型获得的调度结果，兼顾了调度任务的优先级和调度的最佳时刻点（对应于最佳成像质量观测角度）。实验验证了转换时间预处理能有效减少调度求解的计算时间，用最小转换时间替代实际转换时间减少了计算复杂度。

（2）提出了贪婪随机迭代局部搜索启发式求解时间依赖转换时间型敏捷卫星调度问题。

第3章第一部分提出了求解时间依赖转换时间型敏捷卫星调度问题启发式算法。该算法采用了贪婪随机迭代局部搜索（GRILS）的算法框架，包含了两层循环。其中，内层循环为迭代局部搜索算法，算法最关键的算子为基于"全局时间松弛量"的快速插入算子，该算子能快速评估在考虑时间窗约束时插入的可行性，节省了大量用于可行性检查的时间，同时允许通过移动已调度任务的观测开始时间容纳更多未调度任务的插入。该插入算子能成功应用的前提，是在验证转换时间满足先进先出规则和三角不等式规则之上的。预处理的最小转换时间用于快速计算已调度任务的时间松弛量。插入算子设置了一个随机因子用于控制局部搜索受随机因素的影响程度，而外层循环控制了该随机因子参数的取值，提高了算法搜索的多样性。实验首先验证了考虑转换时间的时间依赖特性比估计其为保守常量时，能获得更多的调度收益。其次，在单星调度问题和多星调度问题上与文献中最新算法自适应大领域搜索（ALNS）算法和基于自适应任务分配的自适应大领域搜索（A-ALNS）算法做对比。结果显示，在单星目标规模100~600的中国区域算例上，GRILS的求解质量比ALNS平均提高了52.09%，在多星目标规模100~1000的中国区域算例上，求解质量比A-ALNS算法提高了30.25%。受益于所提出的最小转换时间和预处理方法，GRILS算法的计算时间比其余两种算法快上数十倍。

（3）提出了基于双向动态规划–迭代局部搜索启发式求解时间依赖收益型敏捷卫星调度问题。

第3章第二部分研究了时间依赖收益型敏捷卫星调度启发式算法。该算法是在迭代局部搜索（ILS）算法的基础上，采用双向动态规划（BDP）对搜索得到的任务序列进行评估，得到该序列的最大实际总收益，并优化任务序列的观测开始时间。同时，在 ILS 执行插入算子时，设计了对每个插入操作的快速评估方法，即评估插入前后解的总收益的变化量，用于指导启发式搜索的方向。因此，整体算法称为基于双向动态规划的迭代局部搜索（BDP-ILS）算法。实验分别从两个方面开展：① 不同评估方法对实际收益的影响；② 不同评估方法对启发式搜索的影响。对第一种实验，提出了前置时间评估、后置时间评估和随机评估三种评估方法作为动态规划评估的对照组，证明了动态规划对评估解的实际收益的有效性。对第二种实验，将不同的评估方法嵌入 ILS 算法的快速插入算子中，用于指引算法的局部搜索方向，实验结果验证了在考虑时间依赖收益的情况下，动态规划能有效指引启发式搜索方向，并且基于双向递推的动态规划比单向动态规划计算效率要高。

（4）提出了分支定价割平面精确算法求解时间依赖转换时间型敏捷卫星调度问题。

第 4 章第一部分研究了时间依赖转换时间型敏捷卫星调度问题精确求解算法。该算法采用了分支定价割平面的求解框架，它是在分支定价算法的基础上引入有效不等式（即割平面）来提高求解效率，而分支定价算法是分支定界和列生成算法的结合。针对敏捷卫星调度模型具有分块对角结构特点，采用 Dantzig-Wolfe 分解将原问题重构为集合配置（set packing）主问题和定价子问题，其中定价子问题对应于单个圈次上的调度问题，可转化为资源受限的初等最短路问题（RCESPP），采用了求解 RCESPP 最通用的求解算法–基于标号扩展的双向动态规划算法。为减少初等约束对 RCESPP 求解复杂度的影响，引入了两种初等约束的松弛方法：递减状态空间松弛（DSSR）和 ng 路径松弛。主问题采用列生成算法求解，若为分数解，则采用分支定界搜索算法找到最优整数解。根据模型特点，定义了新的分支策略来保证分支搜索的可行性和有效性。为提高分支定价算法的求解效率，从 3 个方面入手：①推导出拉格朗日上界，减少列生成耗费时间；②采用原始启发式算法构造高质量的初始下界，减少分支搜索的规模；③引入 SRI，升级成分支定价割平面算法，减少了主问题线性松弛解的整性间隙，加速分支搜索的收敛。实验比较了不同松弛方法以及不同算法框架的求解效果，结果显示，分支定价割平面算法框架和 ng 路径松弛技术在大规模算例上（⩾150）表现最好，而在求解小规模算例（50~100）上，分支定价算法框架和 DSSR 技术求解更快。此外，实验还证明了拉格朗日上界以及原始启发式算法对提高求解效率发挥着重要作用。

（5）提出了分支定价精确算法求解时间依赖收益型敏捷卫星调度问题。

第 4 章第二部分研究了时间依赖收益型敏捷卫星调度问题的精确求解算法。该算法采用了分支定价求解框架，其列生成算法中的定价子问题是一类特殊的 RCESPP，所生成的列的缩减成本不仅与选择哪些调度目标有关，也与目标的具体观测开始时间有关。本书提出了该定价子问题的求解算法，具体来说，在基于标号扩展的动态规划算法基础上，为每个标号定义了累积权重函数，函数中每个数据点对应了一个状态，即当前路径在该抵达时刻对应的一个解。算法结合了 4 种改进方法：部分占优策略、标号融合、子回路剪枝和自适应方向扩展。单圈调度上的数值实验证明了四种改进方法能大幅提高定价子问题的求解效率。多圈调度结果显示，分支定价算法能在可接受时间内精确求解大部分规模 200 以下的中国区域算例，而第 3 章介绍的 BDP-ILS 启发式算法的求解质量要稍低于精确解。

6.2　进一步的研究

本书研究了时间依赖转换时间型敏捷卫星调度问题和时间依赖收益型敏捷卫星调度问题，分别设计了相应的启发式算法和精确算法。研究中上尚存在一些可以改进或拓展的地方：

（1）考虑更多调度因素

为了着眼于时间依赖转换时间以及时间依赖收益问题特性，探讨这两个特性对调度算法的影响，本书忽略了卫星能量约束和固存约束，而在实际工程应用中，这两个因素有可能对调度有较大影响。若考虑这两个因素，本书设计的启发式算法和精确算法也能较好地应用，但求解效果有待进一步验证。此外，本书忽略了区域目标，在以往文献中，往往考虑区域目标划分出的条带后，其收益值是其条带面积覆盖率的非线性凸函数，这就使调度问题更为复杂。

（2）进一步改进精确算法

本书设计的分支定价割平面算法仍有一些提升空间。例如，在定价子问题求解时，尝试应用当前求解 RCESPP 最新的脉冲算法（pulse algorithm）[79]，有可能获得比通用的标号算法更好的求解效果。对于时间依赖收益型调度问题，引入分支定价割平面框架求解，针对问题特点定义有效的不等式。

（3）考虑云层不确定性的鲁棒优化模型

光学对地观测卫星的图像质量会受到云层遮挡的影响。在给定静态云层覆盖信息的情况下，敏捷卫星调度的期望值模型对应于时间依赖收益型调度模型，因此其求解算法能为不确定性优化、在线调度等提供借鉴意义。而在传统不确定性优化范畴，鲁棒优化模型能很好地描述云层不确定性情况下，决策者取不同水平风险偏好时的调度问题。另外，分布鲁棒优化问题是当前不确定优化较前沿的研究热点，其基于数据区域的参数和分布学习，能很好地描述云层变化这种分布未知的不确定性。

（4）推广至其他相似调度问题

本书的研究成果可以推广至其他类型的卫星调度上，如电子侦察卫星、SAR雷达成像卫星等，这些卫星的调度问题与光学成像调度问题相似，但因其覆盖范围更广，姿态转换约束更宽松，调度问题也更简单。同样，考虑天线机动的中继卫星数传调度问题[84]中，指向航天器的传输天线的姿态转换时间也是时间依赖的，取决于航天器与中继卫星运行的相对位置，本书的研究成果也可应用于这类问题。考虑时间依赖收益的调度模型，可推广至一类特殊的考虑软时间窗的路径优化问题，其中车辆对节点的访问时间的提前或延迟到达都会导致惩罚。

参 考 文 献

[1] 贺仁杰. 成像侦察卫星调度问题研究 [D]. 长沙: 国防科学技术大学, 2004.

[2] 王建江. 云层不确定条件下光学对地观测卫星调度问题研究 [D]. 长沙: 国防科学技术大学, 2015.

[3] 陈世平. 航天遥感科学技术的发展 [J]. 航天器工程，2009, 18 (2): 1–7.

[4] 高洪涛, 陈虎, 刘晖, 等. 国外对地观测卫星技术发展 [J]. 航天器工程，2009 (3): 84–92.

[5] 向仍湘. 敏捷卫星任务调度技术研究 [D]. 长沙: 国防科学技术大学, 2010.

[6] 郭雷. 敏捷卫星调度问题关键技术研究 [D]. 武汉: 武汉大学, 2015.

[7] 童旭东. 中国高分辨率对地观测系统重大专项建设进展 [J]. 遥感学报，2016, 20 (5): 775–780.

[8] 何苗, 贺仁杰. 考虑云层遮挡的敏捷成像卫星调度方法研究 [J]. 科学技术与工程，2013, 13 (28): 8373–8379.

[9] 何磊, 刘晓路, 陈英武, 等. 面向敏捷卫星任务规划的云层建模及处理方法 [J]. 系统工程与电子技术，2016, 38 (4): 852–858.

[10] WANG P, REINELT G, GAO P, et al. A Model, a Heuristic and a Decision Support System to Solve the Scheduling Problem of an Earth Observing Satellite Constellation [J]. Computers & Industrial Engineering, 2011, 61 (2): 322–335.

[11] CHEN X, REINELT G, DAI G, et al. A Mixed Integer Linear Programming Model for Multi-Satellite Scheduling [J]. European Journal of Operational Research, 2019, 275 (2): 694–707.

[12] CHU X, CHEN Y, XING L. A Branch and Bound Algorithm for Agile Earth Observation Satellite Scheduling [J]. Discrete Dynamics in Nature and Society, 2017, 2017: 7345941.

[13] 郝会成. 敏捷卫星任务规划问题建模及求解方法研究 [D]. 哈尔滨: 哈尔滨工业大学, 2015.

[14] 刘嵩, 陈英武. 敏捷成像卫星自主规划模型与算法 [J]. 国防科技大学学报, 2015, 37 (6): 96–102.

[15] LEMAÎTRE M, VERFAILLIE G, JOUHAUD F, et al. Selecting and Scheduling Observations of Agile Satellites [J]. Aerospace Science and Technology, 2002, 6 (5): 367–381.

[16] GABREL V, MOULET A, MURAT C, et al. A New Single Model and Derived Algorithms for the Satellite Shot Planning Problem using Graph Theory Concepts [J]. Annals of Operations Research, 1997, 69 (0): 115–134.

[17] CORDEAU J F, LAPORTE G. Maximizing the Value of an Earth Observation Satellite Orbit [J]. Journal of the Operational Research Society, 2005, 56 (8): 962–968.

[18] HABET D, VASQUEZ M, VIMONT Y. Bounding the Optimum for the Problem of Scheduling the Photographs of an Agile Earth Observing Satellite [J]. Computational Optimization and Applications, 2010, 47 (2): 307–333.

[19] PRALET C, VERFAILLIE G. Time-dependent Simple Temporal Networks: Properties and Algorithms [J]. RAIRO-Operations Research, 2013, 47 (2): 173-198.

[20] TANGPATTANAKUL P, JOZEFOWIEZ N, LOPEZ P. A Multi-Objective Local Search Heuristic for Scheduling Earth Observations Taken by an Agile Satellite [J]. European Journal of Operational Research, 2015, 245 (2): 542–554.

[21] BIANCHESSI N, RIGHINI G. Planning and Scheduling Algorithms for the COSMO-SkyMed Constellation [J]. Aerospace Science and Technology, 2008, 12 (7): 535–544.

[22] LIU X, LAPORTE G, CHEN Y, et al. An Adaptive Large Neighborhood Search Metaheuristic for Agile Satellite Scheduling with Time-Dependent Transition Time [J]. Computers Operations Research, 2017, 86: 41–53.

[23] HE L, LIU X, LAPORTE G, et al. An Improved Adaptive Large Neighborhood Search Algorithm for Multiple Agile Satellites Scheduling [J]. Computers & Operations Research, 2018, 100: 12–25.

[24] HE L, GUIJT A, DE WEERDT M, et al. Order Acceptance and Scheduling with Sequence-Dependent Setup Times: A New Memetic Algorithm and Benchmark of the State of the Art [J]. Computers & Industrial Engineering, 2019, 138: 106102.

[25] VERBEECK C, SÖRENSE K, AGHEZZAF E-H, et al. A Fast Solution Method for the Time-Dependent Orienteering Problem [J]. European Journal of Operational Research, 2014, 236 (2): 419–432.

[26] WOLFE W J, SORENSEN S E. Three Scheduling Algorithms Applied to the Earth Observing Systems Domain [J]. Management Science, 2000, 46 (1): 148–166.

[27] YI J. Vehicle Routing with Time Windows and Time-Dependent Rewards: A Problem from the American Red Cross [J]. Manufacturing & Service Operations Management, 2003, 5 (1): 74–77.

[28] ERKUT E, ZHANG J. The maximum collection problem with time-dependent rewards [J]. Naval Research Logistics, 1996, 43 (5): 749–763.

[29] EKIC A, KESKINOCAK P, KOENIG S. Multi-Robot Routing with Linear Decreasing Rewards Over Time [C]. 2009 IEEE International Conference on Robotics and Automation, Kobe, May 2009: 958–963.

[30] AFSAR H M, LABADIE N. Team Orienteering Problem with Decreasing Profits [J]. Electronic Notes in Discrete Mathematics, 2013, 41: 285–293.

[31] EKICI A, RETHAREKAR A. Multiple Agents Maximum Collection Problem with Time Dependent Rewards [J]. Computers & Industrial Engineering, 2013, 64 (4): 1009–1018.

[32] QURESHI A G, TANIGUCHI E, YAMADA T. An Exact Solution Approach for Vehicle Routing and Scheduling Problems with Soft Time Windows [J]. Transportation Research Part E, 2009, 45 (6): 960–977.

[33] LIBERATORE F, RIGHINI G, SALANI M. A Column Generation Algorithm for the Vehicle Routing Problem with Soft Time Windows [J]. 4OR, 2011, 9: 49–82.

[34] DANTZIG G B, RAMSER J H. The Truck Dispatching Problem [J]. Management Science, 1959, 6 (1): 80–91.

[35] LAPORTE G, NOBERT Y, DESROCHERS M. Optimal Routing under Capacity and Distance Restrictions [J]. Operations Research, 1985, 33 (5): 1050–1073.

[36] LYSGAARD J, LETCHFORD A, EGLESE R. A New Branch-and-Cut Algorithm for the Capacitated Vehicle Routing Problem [J]. Mathematical Programming, 2004, 100: 423–445.

[37] DESROSIERS J, SOUMIS F, DESROCHERS M. Routing with Time Windows by Column Generation [J]. Networks, 1984, 14 (4): 545–565.

[38] DESROCHERS M, DESROSIERS J, SOLOMON M. A New Optimization Algorithm for the Vehicle Routing Problem with Time Windows [J]. Operations Research, 1992, 40 (2): 342–354.

[39] BARNHART C, JOHNSON E L, NEMHAUSER G L, et al. Branch-and-Price: Column Generation for Solving Huge Integer Programs [J]. Operations Research, 1998, 46 (3): 316–329.

[40] LÜBBECKE M E, DESROSIERS J. Selected Topics in Column Generation [J]. Operations Research, 2005, 53 (6): 1007–1023.

[41] DROR M. Note on the Complexity of the Shortest Path Models for Column Generation in VRPTW [J]. Operations Research, 1994, 42 (5): 977–978.

[42] IRNICH S, VILLENEUVE D. The Shortest-Path Problem with Resource Constraints and k-Cycle Elimination for $k \geqslant 3$ [J]. INFORMS Journal on Computing, 2006, 18 (3): 391–406.

[43] FEILLET D, DEJAX P, GENDREAU M, et al. An Exact Algorithm for the Elementary Shortest Path Problem with Resource Constraints: Application to Some Vehicle Routing Problems [J]. Networks, 2004, 44 (3): 216–229.

[44] RIGHINI G, SALANI M. Symmetry Helps: Bounded Bi-directional Dynamic Programming for the Elementary Shortest Path Problem with Resource Constraints [J]. Discrete Optimization, 2006, 3 (3): 255–273.

[45] BOLAND N, DETHRIDGE J, DUMITRESCU I. Accelerated Label Setting Algorithms for the Elementary Resource Constrained Shortest Path Problem [J]. Operations Research Letters, 2006, 34 (1): 58–68.

[46] RIGHINI G, SALANI M. New Dynamic Programming Algorithms for the Resource Constrained Elementary Shortest Path Problem [J]. Networks, 2008, 51 (3): 155–170.

[47] BALDACCI R, BARTOLINI E, MINGOZZI A. An Exact Algorithm for the Pickup and Delivery Problem with Time Windows [J]. Operations Research, 2011, 59 (2): 414–426.

[48] ROBERTI R, MINGOZZI A. Dynamic ng-Path Relaxation for the Delivery Man Problem [J]. Transportation Science, 2014, 48 (3): 413–424.

[49] KOHL N, DESROSIERS J, MADSEN O B G, et al. 2-Path Cuts for the Vehicle Routing Problem with Time Windows [J]. Transportation Science, 1999, 33 (1): 101–116.

[50] COOK W, RICH J L. A Parallel Cutting-Plane Algorithm for the Vehicle Routing Problem With Time Windows, TR99-04 [R]. 1999.

[51] FUKASAWA R, LONGO H, LYSGAARD J, et al. Robust Branch-and-Cut-and-Price for the Capacitated Vehicle Routing Problem [J]. Math Program, 2006, 106: 491–511.

[52] JEPSEN M, PETERSEN B, SPOORENDONK S, et al. Subset-Row Inequalities Applied to the Vehicle-Routing Problem with Time Windows [J]. Operations Research, 2008, 56 (2): 497–511.

[53] PECIN D, PESSOA A, POGGI M, et al. Improved Branch-Cut-and-Price for Capacitated Vehicle Routing [J]. Mathematical Programming Computation, 2017, 9 (1): 61–100.

[54] CONTARDO C, CORDEAU J-F, GENDRON B. An Exact Algorithm Based on Cut-and-Column Generation for the Capacitated Location-Routing Problem [J]. INFORMS Journal on Computing, 2014, 26 (1): 88–102.

[55] COSTA L, CONTARDO C, DESAULNIERS G. Exact Branch-Price-and-Cut Algorithms for Vehicle Routing [J]. Transportation Science, 2019, 53 (4): 946–985.

[56] VANDERBECK F, WOLSEY L A. An Exact Algorithm for IP Column Generation [J]. Operations Research Letters, 1996, 19 (4): 151–159.

[57] BERTHOLD T. Measuring the Impact of Primal Heuristics [J]. Operations Research Letters, 2013, 41 (6): 611–614.

[58] WENTGES P. Weighted Dantzig‐Wolfe Decomposition for Linear Mixed-integer Programming [J]. International Transactions in Operational Research, 1997, 4 (2): 151–162.

[59] NEAME P. Nonsmooth Dual Methods in Integer Programming [D]. Parkville, VIC, Australia: University of Melbourne, 1999.

[60] PESSOA A, SADYKOV R, UCHOA E, et al. Automation and Combination of Linear-Programming Based Stabilization Techniques in Column Generation [J]. INFORMS Journal on Computing, 2018, 30 (2): 339–360.

[61] VANSTEENWEGEN P, SOUFFRIAU W, BERGHE G V, et al. Iterated Local Search for the Team Orienteering Problem with Time Windows [J]. Computers & Operations Research, 2009, 36 (12): 3281–3290.

[62] VERBEECK C, VANSTEENWEGEN P, AGHEZZAF E-H. The Time-Dependent Orienteering Problem with Time Windows: A Fast Ant Colony System [J]. Annals of Operations Research, 2017, 254 (1): 481–505.

[63] SOUFFRIAU W, VANSTEENWEGEN P, VANDEN BERGHE G, et al. The Multi-constraint Team Orienteering Problem with Multiple Time Windows [J]. Transportation Science, 2013, 47 (1): 53–63.

[64] SAVELSBERGH M W P. Local Search in Routing Problems with Time Windows [J]. Annals of Operations Research, 1985, 4 (1): 285–305.

[65] GENDREAU M, LAPORTE G, SEMET F. A Tabu Search Heuristic for the Undirected Selective Travelling Salesman Problem [J]. European Journal of Operational Research, 1998, 106 (2): 539–545.

[66] KOHL N. Exact Methods for Time Constrained Routing and Related Scheduling Problems [D]. Copenhagen: Technical University of Denmark, 1995.

[67] CHRISTOFIDES N, MINGOZZI A, TOTH P. State-Space Relaxation Procedures for the Computation of Bounds to Routing Problems [J]. Networks: 145–164.

[68] RIGHINI G, SALANI M. Decremental State Space Relaxation Strategies and Initialization Heuristics for Solving the Orienteering Problem with Time Windows with Dynamic Programming [J]. Computers & Operations Research, 2009, 36: 1191–1203.

[69] DESAULNIERS G, LESSARD F, HADJAR A. Tabu Search, Partial Elementarity, and Generalized k-Path Inequalities for the Vehicle Routing Problem with Time Windows [J]. Transportation Science, 2008, 42 (3): 387–404.

[70] BOUSSIER S, FEILLET D, GENDREAU M. An Exact Algorithm for Team Orienteering Problems [J]. 4OR quarterly journal of the Belgian, French and Italian Operations Research Societies, 2007, 5: 211–230.

[71] ARCHETTI C, BIANCHESSI N, SPERANZA M. Optimal Solutions for Routing Problems with Profits [J]. Discrete Applied Mathematics, 2013, 161 (4): 547–557.

[72] SADYKOV R, VANDERBECK F, PESSOA A, et al. Primal Heuristics for Branch and Price: The Assets of Diving Methods [J]. INFORMS Journal on Computing, 2019, 31 (2): 251–267.

[73] PECIN D, CONTARDO C, DESAULNIERS G, et al. New Enhancements for the Exact Solution of the Vehicle Routing Problem with Time Windows [J]. INFORMS Journal on Computing, 2017, 29 (3): 489–502.

[74] CONTARDO C, MARTINELLI R. A New Exact Algorithm for the Multi-Depot Vehicle Routing Problem under Capacity and Route Length Constraints [J]. Discrete Optimization, 2014, 12: 129–146.

[75] KESHTKARAN M, ZIARATI K, BETTINELLI A, et al. Enhanced exact solution methods for the Team Orienteering Problem [J]. International Journal of Production Research, 2016, 54 (2): 591–601.

[76] ORLIS C, BIANCHESSI N, ROBERTI R, et al. The Team Orienteering Problem with Overlaps: An Application in Cash Logistics [J]. Transportation Science, 2020, 54 (2): 470–487.

[77] DESAULNIERS G, DESROSIERS J, SPOORENDONK S. Cutting Planes for Branch-and-Price Algorithms [J]. Networks, 2011, 58 (4): 301–310.

[78] DABIA S, ROPKE S, VAN WOENSEL T, et al. Branch and Price for the Time-Dependent Vehicle Routing Problem with Time Windows [J]. Transportation Science, 2013, 47 (3): 380–396.

[79] DUQUE D, LOZANO L, MEDAGLIA A L. Solving the Orienteering Problem with Time Windows via the Pulse Framework [J]. Computers & Operations Research, 2015, 54 : 168–176.

[80] TILK C, ROTHENBÄCHER A-K, GSCHWIND T, et al. Asymmetry Matters: Dynamic Half-way Points in Bidirectional Labeling for Solving Shortest Path Problems with Resource Constraints Faster [J]. European Journal of Operational Research, 2017, 261 (2): 530–539.

[81] DESAULNIERS G, ERRICO F, IRNICH S, et al. Exact Algorithms for Electric Vehicle-Routing Problems with Time Windows [J]. Operations Research, 2016, 64 (6): 1388–1405.

[82] PENG G S, DEWIL R, VERBEECK C, et al. Agile earth observation statellite scheduling: An orienteering problem with time-dependent profits and travel times [J]. computers & operations. research, 2019, 111: 84-98.

[83] TAE H, KIM B. A Branch-and-Price Approach for the Team Orienteering Problem with Time Windows [J]. The International Journal of Industrial Engineering: Theory, Applications and Practice, 2015, 22 (1): 243–251.

[84] WANG L, JIANG C, KUANG L, et al. Mission Scheduling in Space Network With Antenna Dynamic Setup Times [J]. IEEE Transactions on Aerospace and Electronic Systems, 2019, 55 (1): 31–45.

附录 A 缩写词列表

缩写词	全称	含义
A-ALNS	adaptive task assigning based ALNS	基于自适应任务分配的 ALNS 算法
ADP-DSSR	adaptive dynamic programming based DSSR	基于 DSSR 的自适应方向动态规划
AEOS	agile earth observation satellite	敏捷对地观测卫星
ALNS	adaptive large neighbourhood search	自适应大邻域搜索
BB	branch-and-bound	分支定界
BC	branch-and-cut	分支割平面
BDP	bidirectional dynamic programming	双向动态规划
BDP-ILS	bidirectional dynamic programming based iterated local search	双向动态规划-迭代局部搜索
BDP-DSSR	bidirectional dynamic programming based DSSR	基于 DSSR 的双向动态规划
BP	branch-and-price	分支定价
BPC	branch-and-price-and-cut	分支定价割平面
BTP	blood transportation problem	血液运输问题
CG-DSSR	column generation based BDP-DSSR	基于 BDP-DSSR 的列生成算法
CVRP	capacitated vehicle routing problem	带容量约束的车辆路径规划问题
DAG	directed acyclic graph	有向无环图
DP	dynamic programming	动态规划
DSSR	decremental state space relaxation	递减状态空间松弛
DW	Dantzig-Wolfe decomposition	Dantzig-Wolfe 分解
EOS	earth observation satellite	对地观测卫星
FIFO	first-in-first-out	先进先出
GRASP	greedy randomized adaptive search procedure	贪婪随机自适应搜索步骤
GRILS	greedy randomized iterated local search	贪婪随机迭代局部搜索
GSD	ground sample distance	地面分辨率/地面采样距离
ILS	iterated local search	迭代局部搜索
LP	linear programming	线性规划
MCP	maximum collection problem	最大收集问题

续表

缩写词	全称	含义
MC-TOP-MTW	multi-constraint team orienteering problem with multiple time windows	带多时间窗的多约束团队定向问题
MP	master problem	主问题
MSOP	maximum shot orbit sequencing problem	最大观测轨道排序问题
MSP	maximum shot sequencing problem	最大化观测排序问题
OAS	order acceptance and scheduling	订单接受与调度
OP	orienteering problem	定向问题
OP-TDR	orienteering problem with time-dependent rewards	考虑时间依赖收益的定向问题
OPTW	orienteering problem with time windows	带时间窗约束的定向问题
RCESPP	resource constrained elementary shortest path problem	资源受限的初等最短路问题
RCSPP	resource constrained shortest path problem	资源受限的最短路问题
REFs	resource extension functions	资源扩展函数
RMP	restricted master problem	受限主问题
SC	set covering	集合覆盖
SP	set partition	集合划分
SRI	subset-row inequality	—
SSAA	state space augmenting algorithm	状态空间扩张算法
SSR	state space relaxation	状态空间松弛
STSP	selective travelling salesperson problem	选择性旅行商问题
TDOP	time-dependent orienteering problem	时间依赖的定向问题
TDOPTW	time-dependent orienteering problem with time windows	带时间窗的时间依赖定向问题
TD-VRPTW	time dependent-vehicle routing problem with time windows	考虑时间窗的时间依赖车辆路径规划问题
TOPTW	team orienteering problem with time windows	带时间窗约束的团队定向问题
VRP	vehicle routing problem	车辆路径规划问题
VRPSTW	vehicle routing problem with soft time windows	考虑软时间窗的车辆路径规划问题
VRP-TDR	vehicle routing problem with time-dependent rewards	考虑时间依赖收益的车辆路径规划问题
VRPTW	vehicle routing problem with time windows	带时间窗的车辆路径规划问题
VTW	visible time window	可见时间窗